F. R. Connor

Rauschen

Zufallssignale, Rauschmessung, Systemvergleich

Übersetzt von Henning Früchting

Mit 77 Bildern

V

Friedr. Vieweg & Sohn Braunschweig / Wiesbaden

CIP-Kurztitelaufnahme der Deutschen Bibliothek

Connor, Frank R.:
Rauschen: Zufallssignale, Rauschmessung,
Systemvergleich / F. R. Connor. Übers. von
Henning Früchting. – Braunschweig; Wiesbaden:
Vieweg 1986.
Einheitssacht.: Noise

ISBN-13: 978-3-528-04376-6 e-ISBN-13: 978-3-322-83035-7
DOI: 10.1007/978-3-322-83035-7

NE

Dieses Buch ist die deutsche Übersetzung von
F. R. Connor
Noise
Introductory Topics in Electronics and Telecommunication

Übersetzung: Prof. Dr.-Ing. Henning Früchting, GhK Kassel

1987

Umschlaggestaltung: P. Neitzke, Köln

Vorwort

Mit diesem Buch wird der zweite Band der mehrbändigen Serie "Introductory Topics in Electronics and Telecommunication" als Übersetzung vorgelegt. Es bietet eine Einführung in das wichtige Thema des Rauschens. Elektrisches Rauschen hat beträchtlichen Einfluß auf die Signalübertragung in Telekommunikationssystemen. Das Buch stellt die Grundbegriffe zusammen. Durchgerechnete Beispiele sollen das Verständnis erleichtern und die Anwendungen zeigen.

Das Buch beginnt mit einer Übersicht über die verschiedenen Rauscharten gefolgt von einer Beschreibung mathematischer Begriffe aus dem Bereich der Wahrscheinlichkeitsrechnung und der Statistik. Das nächste Kapitel behandelt Korrelationsmethoden einschließlich signalangepaßter (matched) Filter, Entscheidungs- und Schätztheorie.

Die folgenden beiden Kapitel betrachten die verschiedenen Rauschquellen in elektronischen Systemen, ihre Charakterisierung und die meßtechnische Erfassung.

Das Buch endet mit einer vergleichenden Untersuchung verschiedener analoger und digitaler Kommunikationssysteme auf der Basis des Signal-Rauschverhältnisses oder des Energie-Rauschleistungsdichte-Verhältnisses. Auch Satellitensysteme werden besprochen.

Im Anhang findet man Themen wie Schmalbandrauschen, Entscheidungs- und Schätztheorie sowie Fehlerwahrscheinlichkeit. Dieser Teil ist für den Leser gedacht, der Zusatzinformationen zum Text sucht. Ergänzendes für weitere Studien findet man im Literaturverzeichnis.

Das Buch bringt keine schwierigen mathematischen Beweise; es erläutert Zusammenhänge anhand von durchgerechneten Beispielen. In seiner kurzen und prägnanten Form kann es als Repititorium für Studenten dienen, die sich auf Prüfungen vorbereiten. Es wird außerdem den schon länger in der Praxis tätigen Ingenieur interessieren, der Hilfestellung bei der Erarbeitung von Grundlagenwissen auf dem Gebiet der Telekommunikation benötigt.

1986 H. Früchting

Verwendete Symbole

e	Elementarladung
f_i	Idlerfrequenz
f_p	Pumpfrequenz
f_s	Signalfrequenz
g_m	Steilheit
$h(t)$	Stoßantwort eines Filters
i_s	Schrotrauschstrom
i_t	Thermischer Rauschstrom
k	Beliebige Konstante
	Boltzmannkonstante
m	Beliebige Zahl
	Modulationsgrad
$m(t)$	Modulierendes Signal
m_f	Modulationsindex
$n(t)$	Regellose Rauschspannung
$p(x)$	Wahrscheinlichkeitsdichtefunktion
q	Anzahl der Quantisierungsstufen
v_t	Thermische Rauschspannung
$\bar{x}$	Mittelwert der Variablen x
B	Bandbreite
BER	Bitfehlerrate
C	Kapazität
	Kanalkapazität
C_i	Spitzenträgerleistung am Eingang
C/N_0	Träger-Rauschleistungsdichteverhältnis
E	Energie pro Bit
$E(X)$	Erwartungswert oder Mittelwert der Variablen X
$E(X^2)$	Quadratischer Mittelwert der Variablen X (Varianz von X)
E/N_0	Signalenergie-Rauschleistungsdichte-Verhältnis
EIRP	Äquivalente Leistung des isotropen Strahlers
ENR	Rauschleistungserhöhung (excess noise ratio)
F	Rauschzahl
$F(\omega)$	Fouriertransformierte
G	Leistungsgewinn, -verstärkung
G_T	Gewinn einer Sendeantenne
G_R	Gewinn einer Empfangsantenne

G/T	Gütefaktor
$H(\omega)$	Übertragungsfunktion eines Netzwerkes
$L(y_t)$	Wahrscheinlichkeitsverhältnis von y(t)
N_0	Spektrale Rauschleistungsdichte
P(A)	Wahrscheinlichkeitsdichte der diskreten Variablen A
P(A|B)	Bedingte Wahrscheinlichkeit von A bei vorgegebenen B
P_c	Mittlere Trägerleistung
P_D	Entdeckungswahrscheinlichkeit
P_F	Fehlerwahrscheinlichkeit
P_T	Gesendete Leistung
R	Bitrate
	Widerstand
$R_{äq}$	Äquivalenter thermischer Rauschwiderstand
$R(\tau)$	Autokorrelationsfunktion
$R_x(\tau)$	Autokorrelationsfunktion der Varialen x
$R_{xy}(\tau)$	Kreuzkorrelationsfunktion der Variablen x und y
S	Mittlere Signalleistung
S/N	Signal-Rauschverhältnis
S_i/N_i	Signal-Rauschverhältnis am Eingang
S_o/N_o	Signal-Rauschverhältnis am Ausgang
$S(\omega)$	Spektrale Rauschleistungsdichte
T	Absolute Temperatur
	Periodendauer, Impulsdauer
T_a	Antennenrauschtemperatur
T_e	Effektive Rauschtemperatur
T_R	Empfängerrauschtemperatur
T_s	Systemrauschtemperatur
W	Energie
	Höchste modulierende Frequenz
Y	Y-Faktor = $\frac{\text{Rauschleistung einer Standardrauschquelle}}{\text{Rauschleistung einer Antenne}}$
α	Transistorstromverstärkung
α_0	Transistorgleichstromverstärkung
$\delta(t)$	Dirac'sche Deltafunktion, Stoßfunktion
λ	Wellenlänge
ν	Anzahl von Ereignissen
ρ	Korrelationskoeffizient
σ	Standardabweichung
τ	Zeitintervall
ω	Kreisfrequenz

Inhaltsverzeichnis

1 Einleitung

Elektrisches Rauschen läßt sich als ein unerwünschtes Signal bezeichnen, das in Kommunikationssystemen allgegenwärtig ist. Sein Vorhandensein behindert den Empfang des Nutzsignals; es ist gewöhnlich der begrenzende Faktor bei dem Empfang der Nachricht. Folglich ist die Untersuchung des Rauschens in solchen Systemen wichtig. Es ist erforderlich, den begrenzenden Effekt zu bestimmen, da hierdurch letztlich die Systemleistung festgelegt wird. Interferenz auf Grund anderer unerwünschter Signale, wie z. B. wegen Signalen auf benachbarten Kanälen, kann allerdings ebenso bedeutungsvoll sein. So muß bei einer generellen Systemanalyse Rauschen und Interferenz gleichermaßen betrachtet werden.

1.1 Beschaffenheit des Rauschens

Rauschen und Interferenz spielen zwar ähnliche Rollen in Kommunikationssystemen, sind aber in einer Beziehung unterschiedlicher Natur. Üblicherweise setzt sich Rauschen aus zufällig auftretenden Spannungen zusammen, die keine Phasen- oder Frequenzbeziehung zueinander haben; manchmal kommen auch hohe Spitzen vor. Interferenz hingegen ist in der Regel periodisch und regelmäßig. Bei genauer Betrachtung zeigen Rauschspannungen impulsartige Kurvenformen mit zum Teil großen Spitzen, die zufallsbedingt ständig auftreten. Auf einem Oszillografen betrachtet ergibt Rauschen ein "stacheliges" Bild, wie in Bild 1.1 dargestellt.

Die Spitzen sind im Mittel sehr kurz und enthalten infolgedessen hochfrequente Anteile. Die Zufallseigenschaften des Rauschens erfordern die Untersuchung seiner statistischen Eigenschaften. Einige Aussagen zu Frequenz- und Phasencharakteristik können mittels Fouriertransformation gemacht werden.

1.2 Klassifizierung des Rauschens

Es gibt sehr viele Quellen, die Rauschen produzieren; sie seien zunächst grob in natürliche und künstliche unterteilt. Künstliches Rauschen (man-made noise) entsteht hauptsächlich durch elektrische Einrichtungen wie Motoren mit Kommutator, Zündkerzen in Zündsystemen, fehlerhafte Schalter,

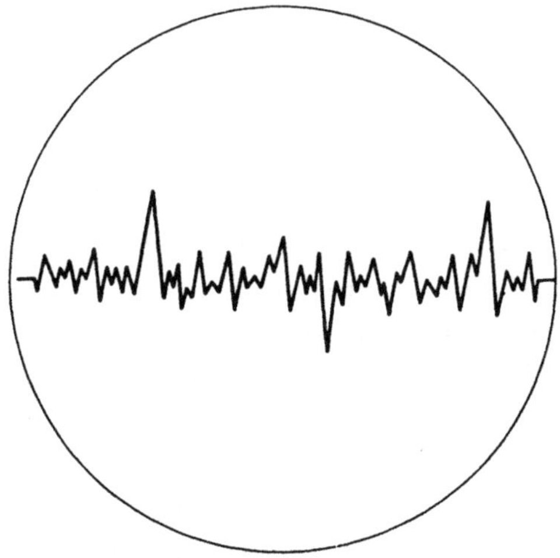

Bild 1.1 Oszillogramm einer Rauschspannung

Elektrorasierer usw. Diese Einrichtungen verursachen rauschartige Spannungen, die häufig jedoch regelmäßige Eigenschaften haben und insofern auch als eine Art Interferenz aufgefaßt werden können. Die Effekte sind impulsartiger Natur und haben oft gedämpfte Sinusschwingungen mit definierter Periodizität zur Folge. Die rauschartige Wirkung von Zündfunken ist deutlich auf dem häuslichen Fernsehschirm zu beobachten. Fährt ein Auto in Hausnähe vorbei, sieht man auf dem Bild verteilt lauter helle Punkte. Untersuchungen des künstlichen Rauschens zeigen, daß es am Entstehungsort verringert oder gar beseitigt werden kann, indem Entstöreinrichtungen oder verbesserte Komponenten eingesetzt werden.

Das natürliche Rauschen wird verursacht durch kosmische Strahlung, atmosphärische Störungen, und es kommt als Kreisrauschen in elektronischen Schaltungen vor. Kosmisches und atmosphärisches Rauschen gelangen über die Antenne in ein System. Ersteres enthält elektromagnetische Strahlung, die von der Sonne und galaktischen Quellen stammt. Das Studium der Solarstrahlung ist ein weitgefächertes Thema; ihr Einfluß auf Radioempfang ist wohlbekannt. Durch Änderung der Richtcharakteristik oder durch Wegdrehen von der Sonne kann der direkte Sonneneinfluß auf Empfangsantennen reduziert werden.

Das galaktische Rauschen (1) kommt praktisch aus allen Richtungen. Quellen sind Sterne aus unserer Galaxis. Insbesondere emittieren Radiosterne wie z. B. Cassiopeia wohldefinierte und regelmäßige Rauschanteile. Große Parabolantennen sollten zweckmäßigerweise nicht auf solche Quellen ausgerichtet werden. Dieses galaktische Rauschen wird üblicherweise durch die galaktische Rauschtemperatur ausgedrückt. Es ist niedrig verglichen mit z. B. dem Rauschen elektronischer Schaltungen und in einem weiten Bereich frequenzabhängig.

Bild 1.2 zeigt auch den atmosphärischen Rauschanteil. Man erkennt, daß die Himmelsrauschtemperatur über einen gewissen Frequenzbereich, das Mikrowellenband, minimal ist. Dieser Bereich wird auch als Radiofenster bezeichnet und speziell in den Bereichen Radioastronomie und Satellitenkommunikation (2) ausgenutzt. Da die Empfangssignale von Radiosternen oder Raumflugkörpern generell klein sind, ist es zwingend erforderlich, daß das Rauschen vom galaktischen Hintergrund und aus der Atmosphäre, also das Hintergrundrauschen, so gering wie möglich ausfällt. Beiträge zum Hintergrundrauschen liefern bei 22 GHz Streustrahlung an Wasserdampf und bei 60 GHz Absorbtion von O_2 in der Atmosphäre. Diese Effekte führen zu Resonanzspitzen in Bild 1.2.

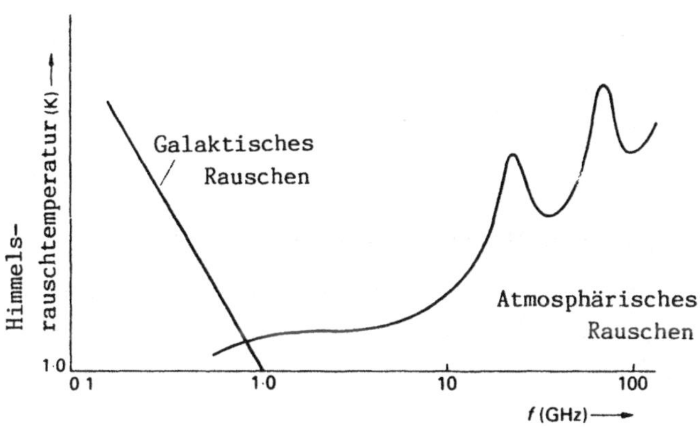

Bild 1.2 Himmelsrauschtemperatur

Die unangenehmste Form natürlichen Rauschens ist Leitungsrauschen, bekannt als thermisches Rauschen und Schrotrauschen. Thermisches Rauschen wird durch die zufallsbedingte Bewegung von freien Elektronen in Leitern verursacht. Die Elektronenbewegung hängt wegen Kollisionen mit den schwingenden Atomen im Kristallgefüge des Leiters von der Temperatur ab und produziert einen veränderlichen Strom im Leiter. Dieser Strom ist im Mittel Null; jedoch ist bei Leerlauf an den Klemmen wegen der zufälligen Veränderungen eine Rauschspannung abgreifbar. Das Schrotrauschen entsteht bei Elektronenemission von einer Kathodenoberfläche. Wegen zufälliger Fluktuationen bei der Emission entsteht ein Rauschstrom in Röhren. Zufallsvariationen in der Ladungsträgerdiffusion verursachen bei Dioden oder Transistoren ebenfalls Schrotrauschanteile im Strom.

Leitungsrauschen ist also Bestandteil elektronicher Komponenten und kann nicht eliminiert werden. Folglich nehmen Untersuchungen des Leitungsrauschens einen bedeutenden Raum beim Entwurf von Kommunikationssystemen ein, siehe Kapitel 4. Man hat Interesse daran, Wege zur Rauschreduktion zu finden. Dies kann durch geeignete Komponentenauswahl erreicht werden sowie durch Verwendung niedriger Temperaturen (gekühlter parametrischer Verstärker, heliumgekühlter Maser).

Da Rauschen in Empfangssystemen generell ein sehr breites Frequenzband überdeckt, läßt es sich nicht durch Auswahl eines bestimmten Frequenzbandes reduzieren. Man beobachtet jedoch einen ziemlich hohen Rauschpegel im Frequenzbereich von 100 kHz bis 30 MHz mit abnehmender Tendenz bei höheren Frequenzen in den VHF-, UHF- und Mikrowellenbändern. Im Bereich der Millimeterwellen steigt er wieder an und bleibt bei noch höheren Frequenzen auf einem hohen Wert. Die Berechnung der Rauschleistung in einem System basiert auf der Berechnung der gesamten Leistung inerhalb einer wohldefinierten Bandbreite, der Empfängerbandbreite oder der Bandbreite des Übertragungssystems.

1.3 Beurteilung des Rauschverhaltens

Mathematische Ansätze zur Bestimmung des Rauschens beziehen sich entweder auf Rauschspannungen oder auf die Rauschleistungsdichte. Da Rauschfluktuationen positiv und negativ sind, wird zunächst das quadratische Mittel der Rauschspannung (oder des -stroms) bestimmt. Das führt zu einem Ausdruck für eine Wechsel-Rauschleistung $P_n=\overline{v_n^2}/R$. Darin ist $\sqrt{\overline{v_n^2}}$ der Effektivwert der Rauschspannung und R der Lastwiderstand. Oft ist es zweckmäßiger, die spektrale Verteilung des vorhandenen Rauschens zu betrachten und seine Spektraldichte S(f) in einer Bandbreite df zu bestimmen. Die mittlere Rauschleistung (und damit auch der quadratische Mittelwert der Rauschspannung an einem Lastwiderstand von 1Ω) kann durch Integration über die betrachtete Bandbreite ermittelt werden. Weißes Rauschen ist ein spezielles Beispiel; es wird oft als Referenz verwendet. Details sind in Kapitel 3 angegeben.

Da die Rauschleistung, die an eine Last abgegeben wird, von deren Widerstand abhängt, ist es wichtig, genau anzugeben, was berechnet wurde. In Praxis ist es durchweg üblich, von der verfügbaren Rauschleistung auszugehen, also von der maximalen Rauschleistung, die im Falle der Leistungsanpassung abgegeben werden kann. Diese Bedingung wird meist benutzt, da einerseits hierbei der schlimmstmögliche Einfluß des Rauschens in einer gegebenen Last erfaßt wird und anderseits Anpassung generell in Kommunikationssystemen angestrebt wird.

Um die statistischen Eigenschaften des Rauschens besser verstehen zu können, ist ein Exkurs in Wahrscheinlichkeitsrechnung und Statistik nötig, siehe Kapitel 2. Eine Weiterführung dieser Grundideen führt zu den Begriffen Autokorrelation und Kreuzkorrelation, womit sich das 3. Kapitel befaßt. Die detailierte Systemanalyse benötigt darüberhinaus ein besseres Verständnis der Theorie stochastischer Signale (3) und der Entscheidungstheorie (4). Letztere ist insbesondere nötig, wenn verrauschte Signale erkannt und detektiert werden sollen. Dies Problem tritt in der Nähe der Entdeckungsschwelle von sehr schwachen Signalen auf, z. B. bei manchen Radarsystemen. In diesem Zusammenhang sind Autokorrelations- und Kreuzkorrelationstechniken von großem Nutzen.

In praktisch allen Kommunikationssystemen ist das übliche Gütekriterium das Verhältnis von Signalleistung und Rauschleistung. Man definiert es als Signal - Rauschleistungsverhältnis S/N am Ausgang des Detektors. Dieses Kriterium wird oft zum Vergleich verschiedener Systeme herangezogen, da solche Systeme in Teilbereichen sehr unterschiedliche Eigenschaften haben können und insofern ein fairer Vergleich schwierig wird. Da kein System für sich beanspruchen kann, in jeder Beziehung besser als ein anderes zu sein, ist die Systemauswahl für eine bestimmte Anwendung in der Regel ein Kompromiß zwischen mehreren Alternativen.

Rauschen kann man nicht gänzlich von Kommunikationssystemen fernhalten. Sein Einfluß muß minimiert, oder anders ausgedrückt, das Signal - Rausch - verhältnis muß soweit als möglich maximiert werden. Ein gutes Fernsehsystem hat ein Signal - Rauschleistungsverhältnis S/N von rund 60 dB, während ein Telefonsystem ein S/N von nur rund 30 dB aufweist. Es gibt Radarsysteme, die noch brauchbar bei einem S/N - Verhältnis von 3 dB funktionieren, eine Zahl, die für andere Kommunikationssysteme, wie z. B. ein TV - System, völlig unakzeptabel ist.

Alternativ zum Signal - Rauschleistungsverhältnis läßt sich das Verhältnis

Signalenergie pro Bit zu Rauschleistungsdichte (E/N_o) oder auch das Verhältnis Trägerleistung zu Rauschleistungsdichte (C/N_o) betrachten. Da diese Verhältnisse eine Bezugsbandbreite von z. B. 1 Hz benutzen, sind sie unabhängig von der im jeweiligen System verwendeten Bandbreite. Sie sind also brauchbar beim Leistungsvergleich von Systemen, die stark unterschiedliche Bandbreiten benutzen. Sie werden in Kapitel 6, das digitale und Satelliten-Kommunikstionssysteme behandelt, benutzt.

2 Wahrscheinlichkeit und Statistik

Das experimentelle Ergebnis, was man bei der Untersuchung vieler physikalischer Phänomene erzielt, kann zufallsbedingte Variationen zeigen, die also nicht exakt vorherbestimmbar sind. Beispielsweise kann man beim Werfen einer Münze nicht angeben, ob Zahl oder Adler fällt. Jedoch läßt sich in diesem Fall feststellen, daß bei einer großen Zahl von Münzwürfen das Ergebnis eine gewisse Regelmäßigkeit zeigt. Im Mittel, so wird man finden, erscheinen Zahl und Adler gleich oft. Das Studium des Durchschnittsverhaltens von Ereignissen führt auf Aussagen zur Häufigkeit von bestimmten Ergebnissen, wie z. B. Zahl oder Adler. Mathematisch drückt man dies durch den Begriff Wahrscheinlichkeit aus [5].

Im Zusammenhang mit der Wahrscheinlichkeit sind Wahrscheinlichkeitsverteilung und Wahrscheinlichkeitsdichtefunktion zu nennen. Diese beschreiben die Resultate bei einer großen Anzahl möglicher Ereignisse. Die Untersuchung solcher Resultate kann Gesetzmäßigkeiten aufzeigen; dies ist als Statistik [6] bekannt.

2.1 Definition der Wahrscheinlichkeit

In einem Zufallsexperiment, wie oft wiederholter Münzwurf, seien die beiden möglichen Ergebnisse A (Zahl) oder B (Adler). Gibt nun m_A die Zahl an, wie oft Fall A bei n Würfen auftritt, so ist m_A/n die relative Auftrittshäufigkeit von A. Das Verhältnis m_A/n wird sich einem mittleren Wert nähern und um so geringere Schwankungen zeigen, je größer n wird. Man bezeichnet die Wahrscheinlichkeit, daß Ereignis A eintritt, mit P(A) und definiert

$$P(A) = \lim_{n \to \infty} \frac{m_A}{n}$$

Genauso gilt mit m_B als Auftrittshäufigkeit von Fall B bei n Versuchen

$$P(B) = \lim_{n \to \infty} \frac{m_B}{n}$$

wobei P(B) die Wahrscheinlichkeit ist, daß Ereignis B eintritt. Man kann nun, wenn Fall A mit Sicherheit bei jedem Versuch eintritt, folgern, daß

$m_A = n$ und $P(A) = 1$ ist. Anderseits, wenn Fall A niemals auftritt, gilt $m_A = 0$ und $P(A) = 0$. Der Zahlenwert der Wahrscheinlichkeit muß also zwischen 0 und 1 liegen. Speziell gilt $0 \leq P(A) \leq 1$ und $0 \leq P(B) \leq 1$, sowie, wenn wie beim Münzwurf nur die beiden sich ausschließenden Möglichkeiten A oder B bestehen, $P(A) + P(B) = 1$.

Diese Schreibweise für die Wahrscheinlichkeit zeigt den Zusammenhang mit dem Ereignisraum: Das Ergebnis eines Zufallsexperiments wie z. B. Münzwurf kann als Punkt im Ereignisraum und die Menge aller Ergebnisse als gesamter Ereignisraum aufgefaßt werden. Dieser mathematische Ansatz ermöglicht die Bestimmung der Wahrscheinlichkeit eines Ereignisses mit den Mitteln der Mengenlehre (7). Weitere Details werden im Anhang A angegeben.

2.2 Verbundwahrscheinlichkeit

Im Falle, daß sich zwei Ereignisse A und B nicht gegenseitig ausschließen, also auch zusammen * auftreten können, verwendet man den Begriff Verbundwahrscheinlichkeit für das paarweise Auftreten. Ist m_{AB} die Anzahl des paarweisen Auftretens von A und B bei n Versuchen, so gilt

$$P(AB) = \lim_{n \to \infty} \frac{m_{AB}}{n}$$

Im Falle, daß A und B paarweise, aber auch einzeln auftreten können, bezeichnet man mit $P(A + B)$ die Wahrscheinlichkeit, daß A oder B auftreten. Ist $m_A + m_B$ die Anzahl der Ereignisse A oder B bei n Versuchen, so gilt

$$P(A + B) = \lim_{n \to \infty} \frac{(m_A + m_B)}{n} = \lim_{n \to \infty} \frac{m_A}{n} + \lim_{n \to \infty} \frac{m_B}{n} - \lim_{n \to \infty} \frac{m_{AB}}{n}$$

oder $$P(A + B) = P(A) + P(B) - P(AB)$$

$P(AB)$, die Wahrscheinlichkeit für paarweises Auftreten von A und B muß von der Summe der Auftrittswahrscheinlichkeiten $P(A) + P(B)$ abgezogen werden, da sowohl $P(A)$ als auch $P(B)$ die Fälle des gemeinsamen Auftretens A und B enthält.

* zusammen oder paarweise kann hier zweierlei bedeuten:
- In einem Zufallsexperiment tritt zur Zeit t_1 Ereignis A und zur Zeit t_2 Ereignis B auf.
- In zwei parallelen Experimenten tritt zu einer bestimmten Zeit im ersten das Ereignis A und im zweiten gleichzeitig Ereignis B auf.

2.3 Bedingte Wahrscheinlichkeit

Bei manchen Ereignissen kann das Auftreten von A vom vorherigen Auftreten von B abhängen. Die Wahrscheinlichkeit dafür, daß dies passiert, wird bedingte Wahrscheinlichkeit oder auch Übergangswahrscheinlichkeit genannt. Diese bedingte Wahrscheinlichkeit, daß A auftritt, nachdem B eingetreten ist, wird P (A|B) geschrieben. Es gilt

$$P(A|B) = m_{AB}/m_B$$

worin m_{AB} die Anzahl des verbundenen Auftretens von A und B und m_B die An- die Anzahl des Auftretens von B (mit oder ohne A) bei n Versuchen darstellt. Folglich gilt

$$P(A|B) = \frac{m_{AB}\ n}{n\ m_B} = \frac{P(AB)}{P(B)}$$

und $$P(B|A) = \frac{P(AB)}{P(A)}$$

Kombiniert man die beiden letzten Gleichungen, so läßt sich schreiben

$$P(AB) = P(A|B)\ P(B) = P(B|A)\ P(A)$$

oder $$P(A|B) = \frac{P(B|A)\ P(A)}{P(B)}$$

Erstere Gleichung ist als Multiplikationssatz und letzere als Bayes'sche Formel bekannt.

Ist das Auftreten von A völlig unabhängig vom vorherigen Auftreten von B, so gilt in diesem speziellen Fall P(A|B) = P(A) und auch P(B|A) = P(B). Der Multiplikationssatz lautet dann

$$P(AB) = P(A)\ P(B)$$

d. h. die Verbundwahrscheinlichkeit von A und B ist in diesem Fall der statistischen Unabhängigkeit das Produkt aus den Einzelwahrscheinlichkeiten.

Anmerkung

Zwei Wahrscheinlichkeiten, die in der Informationstheorie (8) wichtig sind, nennt man a priori Wahrscheinlichkeit und a posteriori Wahrscheinlichkeit. Diese werden bei Senden und Empfangen von Signalen benutzt. Beispielsweise ist die a priori Wahrscheinlichkeit, daß Signal A gesendet wird, einfach P(A); die a posteriori Wahrscheinlichkeit, daß Signal A gesendet worden ist, während man ein Signal B empfangen hat, ist durch die bedingte Wahrscheinlichkeit P(A|B) angegeben.

Beispiel 2.1

Drei Münzen werden geworfen. Wie groß ist die Wahrscheinlichkeit für den Fall (a) alles Zahl und (b) alles Zahl oder alles Adler?

Lösung

(a) Das Zufallsexperiment des Münzwurfs hat als Ergebnis entweder Zahl oder Adler mit gleicher Wahrscheinlichkeit P(Z) = P(A) = 1/2. Die Verbundwahrscheinlichkeit für den Fall alles Zahl ist, da die Ergebnisse des Wurfs der drei Münzen unabhängig voneinander sind, gegeben durch

$$P(ZZZ) = P(Z)\ P(Z)\ P(Z) = \frac{1}{2} \times \frac{1}{2} \times \frac{1}{2} = \frac{1}{8}$$

(b) Die Wahrscheinlichkeit für den Fall alles Adler ist ebenfalls $P(AAA) = \frac{1}{8}$. Die Gesamtwahrscheinlichkeit für alles Zahl oder alles Adler ist die Summe, also

$$P(ZZZ + AAA) = P(ZZZ) + P(AAA) = \frac{1}{4}$$

Beispiel 2.2

Eine Schachtel enthält sechs rote und drei blaue Perlen. Zwei davon werden nacheinander entnommen. Gesucht ist die Wahrscheinlichkeit, daß beide Perlen verschiedenfarbig sind, wenn die erstentnommene rot ist.

Lösung

Die Wahrscheinlichkeit dafür, eine rote Perle zu ziehen, ist 6 mal von 9 Versuchen, also P(R) = 6/9 = 2/3. Da nun die zweite Perle blau sein soll, benötigt man die bedingte Wahrscheinlichkeit für das Entnehmen einer blauen Perle, nachdem bereits eine rote gezogen wurde, also $P(B|R)$. Es sind noch 8 Perlen da, davon 3 blaue, die Wahrscheinlichkeit, nun eine blaue zu ziehen ist 3 mal bei 8 Versuchen, also $P(B|R) = 3/8$.

Die gesuchte Wahrscheinlichkeit ist die Verbundwahrscheinlichkeit P(RB); sie berechnet sich mit der Bayes'schen Formel zu

$$P(RB) = P(R)\ P(B|R) = \frac{2}{3} \times \frac{3}{8} = \frac{1}{4}$$

2.4 Wahrscheinlichkeit und Verteilungsfunktion

Die Zufallsvariable X ist bei der Beobachtung und Analyse diskreter Zufallsprozesse eine variable Größe, die diskrete Werte annehmen kann; man bezeichnet sie auch als diskrete Zufallsvariable. In einem speziellen Experiment werde die Größe X öfter gemessen. Das Meßergebnis kann die Größen x_1, x_2,..., x_j annehmen und die zugehörigen Wahrscheinlichkeiten sind mit $P(x_1)$, $P(x_2)$, ..., $P(x_j)$ bezeichnet. Eine Darstellung dieser Wahrscheinlichkeiten in Bild 2.1(a) führt unmittelbar auf die Idee einer diskreten Wahrscheinlichkeitsfunktion.

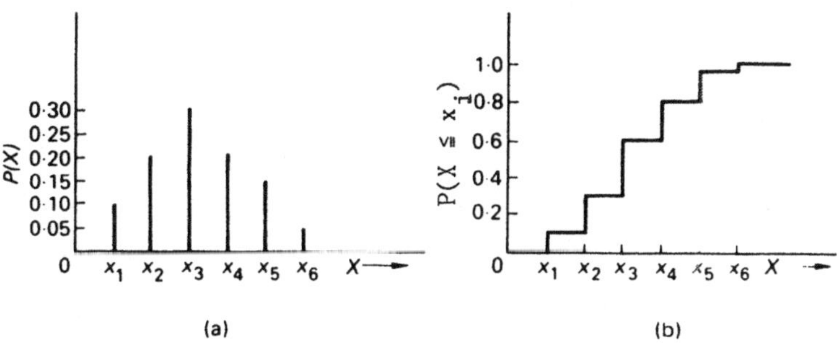

Bild 2.1 Wahrscheinlichkeit (a) und Wahrscheinlichkeitsverteilungsfunktion (b) der diskreten Zufallsvariablen X

Häufig interessiert die Wahrscheinlichkeit dafür, daß die Zufallsvariable X Werte annimmt, die nicht größer als ein vorgegebener Wert x_j sind. Dies führt auf die Wahrscheinlichkeitsverteilungsfunktion, siehe Bild 2.1(b)

$$P(X \leq x_j) = \sum_{i=1}^{j} P(x_i)$$

In stetigen Zufallsprozessen, die z. B. bei der Variation von Rauschspannungen beobachtet werden, kann die Zufallsvariable jeden Wert aus einem kontinuierlichen Wertevorrat innerhalb eines Intervalls annehmen; man spricht dann von einer stetigen Zufallsvariablen. In diesem Fall wird der Begriff der Wahrscheinlichkeitsdichtefunktion benutzt. Man definiert

$$p(x) = \lim_{\delta x \to 0} \frac{P(x - (\delta x/2) \leq X \leq x + (\delta x/2))}{\delta x}$$

Die Größe $p(x)\delta x$ ist die Wahrscheinlichkeit dafür, daß X im Intervall $x - \delta x/2 \leq X \leq x + \delta x/2$ liegt. Da X sicher zwischen $-\infty$ und $+\infty$ liegt, gilt

$$\int_{-\infty}^{+\infty} p(x)dx = 1$$

Die Wahrscheinlichkeitsdichtefunktion ist in Bild 2.2 dargestellt. In Kapitel 2.6 werden verschiedene Typen von Wahrscheinlichkeitsverteilungen vorgestellt, wie sie im Zusammenhang mit statistischen Daten vorkommen.

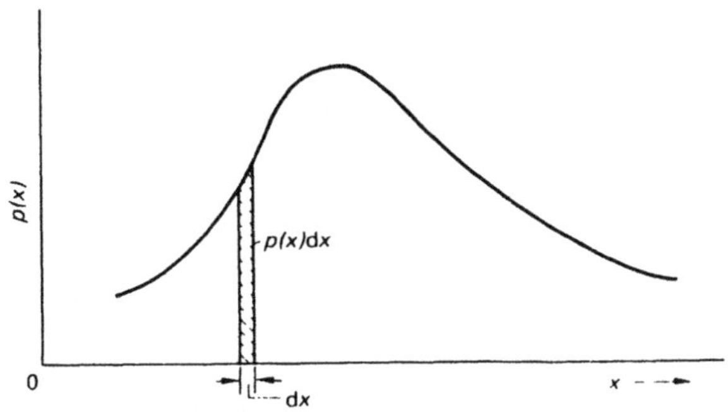

Bild 2.2 Wahrscheinlichkeitsdichtefunktion der stetigen Zufallsvariable x

2.5 Statistik

Bei der Analyse statistischer Daten werden zwei Begriffe benötigt, einmal der Mittelwert oder Erwartungswert $\bar{x}$ einer Zufallsvariablen und zum zweiten die Standardabweichung oder Streuung σ.

Mittelwert $\bar{x}$

Hat eine Zufallsvariable X den diskreten Wertevorrat $x_1, x_2, \ldots, x_j$ und treten diese Werte $n_1, n_2, \ldots, n_j$ mal auf, so ist der Mittelwert oder Erwartungswert wie folgt definiert

$$\bar{x} = E(X) = \frac{x_1 n_1 + x_2 n_2 + \ldots + x_j n_j}{n}$$

wobei $n = n_1 + n_2 + \ldots + n_j$ ist.

Ist nun n sehr groß, so sind n_1/n, $n_2/n, \ldots$ die Wahrscheinlichkeiten $P(x_1)$, $P(x_2), \ldots$ und man erhält

$$\bar{x} = x_1 P(x_1) + x_2 P(x_2) + \ldots + x_j P(x_j)$$

oder $$\bar{x} = \sum_{i=1}^{j} x_i P(x_i)$$

Bei stetiger Zufallsvariable gehen im Vergleich zum Vorherigen die diskreten in kontinuierliche über, also $x_i \to x$ und $P(x_i) \to P(x) = p(x)dx$. Die Summation wird zur Integration von $-\infty$ bis $+\infty$. Es wird

$$\bar{x} = E(X) = \int_{-\infty}^{+\infty} x\, p(x)\, dx$$

Unter dem n'ten Moment einer Verteilung versteht man den Erwartungswert der Potenz X^n, also

$$E(X^n) = \int_{-\infty}^{\infty} x^n p(x) dx$$

Insofern ist der Mittelwert das 1. Moment der Verteilung.

Standardabweichung σ

Für die diskreten Werte $x_1, x_2, \ldots, x_j$ läßt sich die jeweilige Differenz vom Mittelwert $\bar{x}$ hinschreiben, also $x_1 - \bar{x}$, $x_2 - \bar{x}$, ... Diese Differenzen sind Abweichungen; das Quadrat aller Abweichungen ist positiv. Die Summe über alle Quadrate bezogen auf die Gesamtanzahl n enthält Information über die Abweichung. Man definiert nun als Varianz von X

$$\sigma^2 = E((X - \bar{x})^2) = \frac{(x_1 - \bar{x})^2 + (x_2 - \bar{x})^2 + \ldots + (x_n - \bar{x})^2}{n}$$

oder $$\sigma^2 = E((X - \bar{x})^2) = \int_{-\infty}^{+\infty} (x - \bar{x})^2\, p(x)\, dx$$

im Falle der stetigen Zufallsvariablen. Die Varianz ist das 2. Moment(zentrales Moment) der Verteilung. Die Wurzel aus der Varianz ist die Standardabweichung. Diese hat in der Statistik große Bedeutung, gibt sie doch die Streubreite der Werte um den Mittelwert herum an. Je kleiner σ, desto dichter liegen die Werte am Mittelwert. Bei Wechselströmen stellt σ den Effektivwert von Strömen oder Spannungen eines Netzwerks dar; der Mittelwert oder Erwartungswert von Wechselgrößen ist üblicherweise Null.

Beispiel 2.3

Zwei Zufallsvariable x und y haben die Standardabweichungen σ_x und σ_y. Gesucht ist die Varianz der Summe.

Lösung

Ist die Summe $z = x + y$, so ist ihre Varianz wie folgt zu berechnen:

$$\sigma_z^2 = \overline{(z - \bar{z})^2} = \overline{\left[(x + y) - \overline{(x + y)}\right]^2}$$

$$= \overline{\left[(x - \bar{x}) + (y - \bar{y})\right]^2} \quad \text{da} \quad \overline{(x + y)} = \bar{x} + \bar{y}$$

$$= \overline{(x - \bar{y})^2} + 2\ \overline{(x - \bar{x})\ (y - \bar{y})} + \overline{(y - \bar{y})^2}$$

Nun gilt

$$\sigma_x^2 = \overline{(x - \bar{x})^2}$$

$$\sigma_y^2 = \overline{(y - \bar{y})^2}$$

und $\overline{(x - \bar{x})} = \bar{x} - \bar{x} = 0$

$\overline{(y - \bar{y})} = \bar{y} - \bar{y} = 0$

also $\sigma_z^2 = \sigma_x^2 + \sigma_y^2$

2.6 Wahrscheinlichkeitsverteilungen

Analysiert man große statistische Datenmengen, so läßt sich eine gewisse Ordnung aus der offenlichtlichen Zufälligkeit ableiten. Die Werte passen üblicherweise in ein regelmäßiges Muster, das man Verteilungsfunktion nennt. Verteilungsfunktionen, die in der Praxis große Bedeutung erlangt haben, sind die Binomialverteilung, die Poissonverteilung und die Normal- oder Gaußverteilung.

Binomialverteilung

Die Hauptanwendung dieser Verteilung liegt für Nachrichtentechniker in der Abschätzung digitaler Fehler, wie sie z. B. bei PCM-Übertragung entstehen. Sie ist auch einsetzbar bei der Beurteilung der Zuverlässigkeit von Komponenten. Die Verteilung ist mit dem binomischen Lehrsatz verknüpft.

Eine Zufallsvariable X kann zwei Zustände A und B (z. B. 0 und 1) annehmen. Die Auftrittswahrscheinlichkeit für Fall A sei P(A) = p und für Fall B dann P(B) = 1-p = q. Wird das Zufallsexperiment n mal durchgeführt, so ist die Wahrscheinlichkeit, daß A m mal auftritt gegeben durch [9]

$$P_m(A) = \frac{n!}{m!\,(n-m)!}\, p^m\, q^{n-m}$$

Der Ausdruck für $P_m(A)$ ist offensichtlich der m'te Term der binomischen Reihe für $(p + q)^n$. Daher wird diese diskrete Wahrscheinlichkeit, wenn man sie für alle m mit m = 0, 1, 2, ..., n aufträgt, Binomialverteilung genannt. Ein Beispiel zeigt Bild 2.3; man erkennt, daß die größte Wahrscheinlichkeit bei m = np vorliegt. Dies entspricht dem Mittelwert $\bar{x}$, während die Standardabweichung durch $\sigma = \sqrt{npq}$ gegeben ist. Diese Verteilung kann bei einer definierten Anzahl von Stichproben angewendet werden, wenn die Gesamtzahl n bekannt ist.

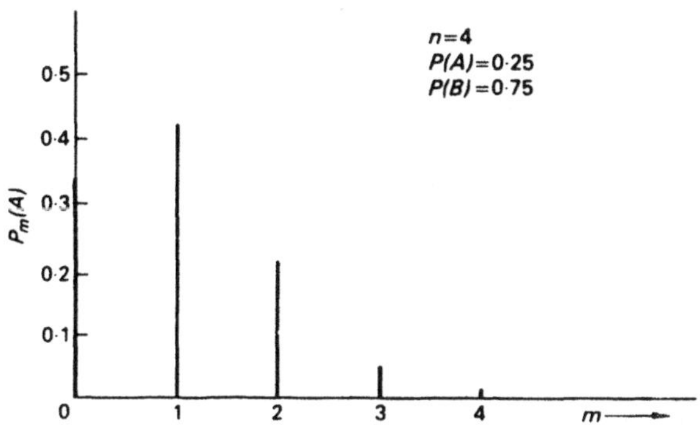

Bild 2.3 Binomialverteilung

Poissonverteilung

Diese findet bei vielen zufallsbedingten Phänomenen Anwendung, wie z. B. Schrotrauschen in Dioden, Übertragung von Telegrafiesignalen und radioaktiver Zerfall. Auch diese Verteilung ist eine diskrete, die man als Grenzwert der Binomialverteilung erhält, wenn dort bei $n \cdot p$ = const n sehr groß und p sehr klein wird.

Sie kann zur Berechnung der Wahrscheinlichkeit, daß ein Ereignis in einem Zeitintervall T eintritt, herangezogen werden, wenn die Rate ν Ereignisse/Sekunde bekannt ist. Dazu wird das Zeitintervall T in eine große Anzahl von n Intervallen δT mit $n = T/\delta T$ unterteilt. Es ei nun p die Wahrscheinlichkeit dafür, das ein Ereignis in dem kleinen Intervall δT eintritt, dann ist die erwartete Anzahl von Ereignissen $pn = pT/\delta T$ im Zeitintervall T. Gegeben war die Anzahl der Ereignisse pro Sekunde $\nu = pn/T$. Setzt man dies ein, erhält man $pn = pT/\delta T = \nu T$, und mit dem Grenzübergang $\delta T \to 0$ geht auch $n \to \infty$ und $p \to 0$. Dabei bleibt $pn = \nu T$ aber endlich und konstant. Das bedeutet, daß in diesem Grenzfall der Binomialverteilung pn durch νT ersetzt wird.

Die Wahrscheinlichkeit dafür, daß Ereignis A m mal auftritt ist bei Binomialverteilung gegeben durch

$$P_m(A) = \frac{n!}{m!\,(n-m)!}\, p^m\, q^{n-m}$$

$$= \frac{n\,(n-1)\,\ldots\,(n-m)!}{m!\,(n-m)!}\, p^m\,(1-p)^{n-m}$$

$$\simeq \frac{n^m}{m!}\, p^m\,(1-p)^n \qquad \text{falls} \quad n \gg m$$

$$\simeq \frac{(pn)^m}{m!}\left(1 - pn + \frac{n\,(n-1)}{2!}\, p^2 - \ldots\right)$$

Ist nun auch $p \ll 1$, so kann der Klammerausdruck durch e^{-pn} angenähert werden. Also gilt

$$P_m(A) \simeq \frac{(pn)^m}{m!}\, e^{-pn}$$

oder

$$P_m(A) \simeq \frac{(\nu T)^m}{m!}\, e^{-\nu T}$$

wenn man noch $pn/T = \nu$ setzt. Die letzte Formel gibt die Poissonverteilung mit $pn = \nu T$ an. Eine Darstellung mit $\nu T = 3$ findet sich in Bild 2.4.

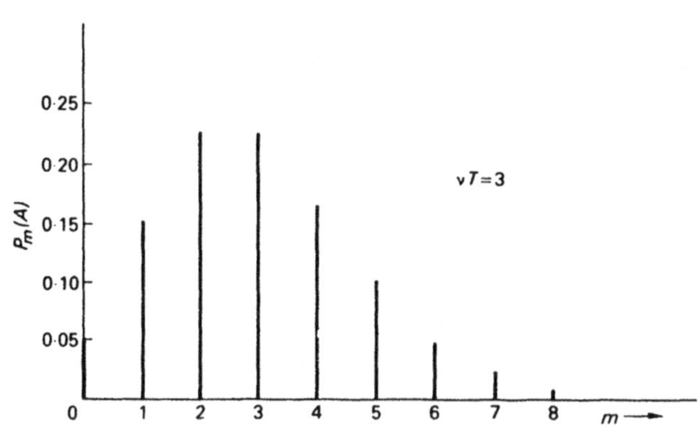

Bild 2.4 Poissonverteilung

Normal- oder Gaußverteilung

Die am häufigsten vorkommende Verteilung ist die Gaußverteilung. Viele physikalische Phänomene unterliegen ihr, wie weißes Rauschen, Fehler bei praktischen Messungen, Qualitätskontrollen usw.

Für die stetige Zufallsgröße X ist die Wahrscheinlichkeitsdichtefunktion gegeben durch

$$p(x) = \frac{1}{\sigma\sqrt{2\pi}}\, e^{-(x - m)^2/(2\sigma^2)}$$

Der Erwartungs- oder Mittelwert liegt bei $x = m$ und σ ist die Standardabweichung. Die Darstellung in Bild 2.5(a) zeigt die bekannte Glockenkurve mit Symmetrie um $x = m$. Dies bedeutet, daß die Zufallsvariable mit gleicher Wahrscheinlichkeit ober- oder unterhalb von $x = m$ auftritt.

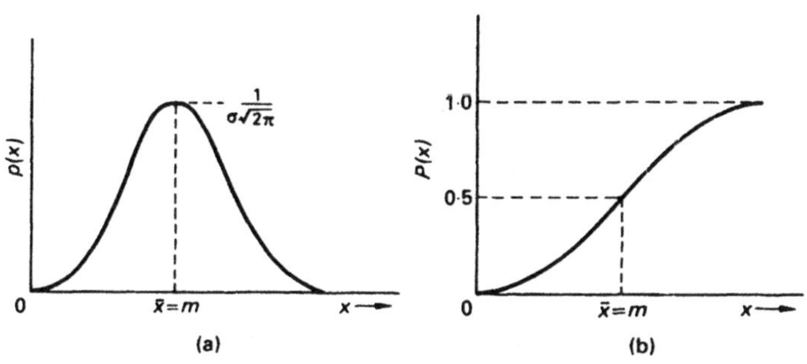

Bild 2.5 Wahrscheinlichkeitsdichtefunktion (a) und Wahrscheinlichkeitsverteilungsfunktion (b) der Normal- oder Gaußverteilung

Die Parameter sind derart, daß die Gesamtfläche unter der Glockenkurve Eins ist, also

$$\int_{-\infty}^{+\infty} p(x)\, dx = 1$$

Hiermit ergibt sich das Maximum der Kurve für $p(m) = 1/(\sigma\sqrt{2\pi})$. Der Mittelwert läßt sich durch das folgende Integral bestimmen:

$$\bar{x} = m = \int_{-\infty}^{+\infty} x\, p(x)\, dx = \frac{1}{\sigma\sqrt{2\pi}} \int_{-\infty}^{+\infty} x\, e^{-(x - m)^2/(2\sigma^2)}\, dx$$

Zur Integration wird $u = (x - m) / \sqrt{2\sigma^2}$ substituiert; damit wird $dx = du \sqrt{2\sigma^2}$ und

$$\bar{x} = \frac{1}{\sqrt{\pi}} \int_{-\infty}^{+\infty} (u\sqrt{2\sigma^2} + m)\, e^{-u^2}\, du$$

$$= \sigma\sqrt{\frac{2}{\pi}} \int_{-\infty}^{+\infty} u\, e^{-u^2}\, du + \frac{2m}{\sqrt{\pi}} \int_0^{\infty} e^{-u^2}\, du$$

Das erste Integral ist Null, da es gleichgroße positive und negative Flächen repräsentiert. In Integraltafeln findet man das zweite Integral; es hat den Wert $\sqrt{\pi}/2$. Damit ergibt sich schließlich der Mittelwert wie vorn behauptet zu

$$\bar{x} = \frac{2m}{\sqrt{\pi}} \times \frac{\sqrt{\pi}}{2} = m$$

Die Wahrscheinlichkeit, daß die Zufallsvariable X unter einem bestimmten Wert $x = x_1$ liegt, ist durch die Wahrscheinlichkeitsverteilungsfunktion F(X), siehe Bild 2.5(b) gegeben:

$$F(X) = P(x \leq x_1) = \int_{-\infty}^{x_1} \frac{1}{\sigma\sqrt{2\pi}}\, e^{-(x - m)^2/(2\sigma^2)}\, dx$$

Ist $x_1 = m$, der Mittelwert, so wird

$$P(x \leq m) = 1/2$$

Das Integral repräsentiert dann gerade die Hälfte der Fläche unter der Glockenkurve. Ist die Wahrscheinlichkeit dafür gesucht, daß $-x_1 < x \leq x_1$, gilt mit der gleichen Substitution wie weiter oben

$$P(-x_1 < x \leq +x_1) = \frac{1}{\sqrt{\pi}} \int_{-u_1}^{+u_1} e^{-u^2}\, du = \frac{2}{\sqrt{\pi}} \int_0^{u_1} e^{-u^2}\, du$$

Das hierin auftretende Integral nennt man auch das Fehlerintegral (error function)

$$\mathrm{erf}(x) = \frac{2}{\sqrt{\pi}} \int_0^{x} e^{-u^2}\, du$$

Eine Tabelle für das Fehlerintegral findet man im Anhang B.

Rayleighverteilung

Diese Wahrscheinlichkeitsverteilung kommt bei der Untersuchung von bandbegrenztem Gaußschem Rauschen und von Kurzzeitfading aufgrund troposphärischer Streuung (10) vor. Auf dem Gebiet der Ballistik steht sie mit der Wahrscheinlichkeit, ein Zielgebiet zu treffen, in Verbindung, da hier Wahrscheinlichkeitsverteilungen in zwei Dimensionen wirken.

Es seien x und y zwei unabhängige Variable, beide normalverteilt mit der Varianz σ^2 und dem Mittelwert Null. Ein Punkt in der Ebene wird einerseits durch (x,y) festgelegt, anderseits durch Polarkoordinaten (r,θ) mit $r^2 = x^2 + y^2$ und $\tan\theta = y/x$. Die Verbundwahrscheinlichkeitsfunktion p(x,y) dx dy transformiert sich zu $p(r,\theta)\,dr\,d\theta$, also

$$p(x,y)\,dx\,dy = p(r,\theta)\,dr\,d\theta$$

Nun gilt

$$p(x,y) = p(x)\,p(y) = \frac{1}{\sigma\sqrt{2\pi}}\,e^{-x^2/(2\sigma^2)}\,\frac{1}{\sigma\sqrt{2\pi}}\,e^{-y^2/(2\sigma^2)}$$

$$p(x,y) = \frac{1}{2\pi\sigma^2}\,e^{-(x^2+y^2)/(2\sigma^2)}$$

und transformiert in Polarkoordinaten

$$p(r,\theta) = p(r)\,p(\theta) = \frac{r}{2\pi\sigma^2}\,e^{-r^2/(2\sigma^2)}$$

Genau so wie x und y sind auch r und θ unabhängige Variable mit $0 \leq r < \infty$ und $0 \leq \theta < 2\pi$. Die Gesamtwahrscheinlichkeit in der Winkelrichtung ist 1, und wegen Radialsymmetrie ist die Wahrscheinlichkeit für irgendeine Richtung θ durch $p(\theta) = 1/(2\pi)$ gegeben. Damit ergibt sich

$$p(r) = \frac{p(r,\theta)}{p(\theta)} = \frac{r}{2\pi\sigma^2}\,e^{-r^2/2\sigma^2}\cdot 2\pi$$

oder

$$p(r) = \frac{r}{\sigma^2}\,e^{-r^2/2\sigma^2}$$

Dies ist die Rayleighverteilung; sie ist in Bild 2.6 dargestellt.

Man kann zeigen, daß der Mittelwert $\bar{r} = \sigma\sqrt{\pi/2}$ und die Standardabweichung $\sigma = 0{,}798\,\bar{r}$ ist. Die Wahrscheinlichkeitsverteilungsfunktion $P(r \leq r_1)$ ist gegeben durch das Integral

$$P(r \leq r_1) = \int_0^{r_1} p(r)\, dr = 1 - e^{-r_1^2/2\sigma^2}$$

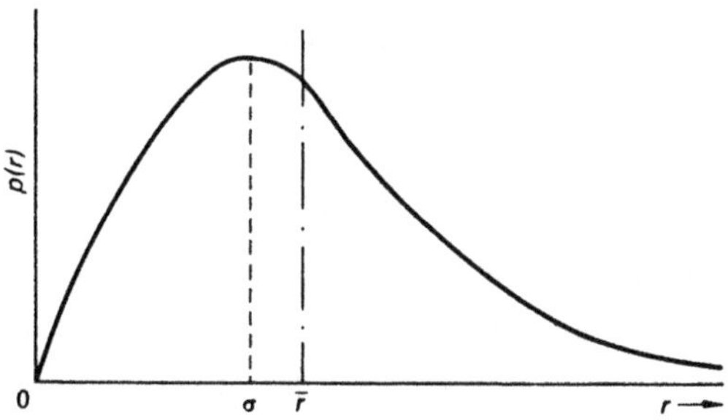

Bild 2.6 Rayleighverteilung

Beispiel 2.4

Bandbegrenztes Rauschen mit Rayleighverteilung wird auf den Eingang eines quadratischen Detektors gegeben, dessen Ausgangsspannung $v = ku^2$ ist. k ist eine Propostionalitätskonstante und u die Eingangsspannung. Gesucht wird die Verteilungsfunktion von v.

Lösung

Da die Eingangsspannung eine Rayleighverteilung hat, gilt

$$p(u) = \frac{u}{\sigma^2} e^{-u^2/2\sigma^2} \qquad (u \geq 0)$$

wobei σ^2 die Varianz ist. Da weiterhin die Wahrscheinlichkeiten sich direkt transformieren, muß gelten

$$p(v)\, dv = p(u)\, du$$

bzw. $$p(v) = p(u)\, (du/dv)$$

Laut Aufgabenstellung gilt $v = ku^2$ und damit $dv/du = 2\, k\, u$. Setzt man dies oben ein, erhält man das Ergebnis

$$p(v) = \frac{u}{\sigma^2} e^{-u^2/2\sigma^2} \frac{1}{2ku} \qquad (u \geq 0)$$

$$= \frac{e^{-u^2/2\sigma^2}}{2k\sigma^2}$$

2.7 Stochastische Prozesse (3,9)

Die zeitliche Variation kann bei Phänomenen mit Zufallsfluktuationen, wie z. B. elektronisches Rauschen, Erdbeben oder Windböen durch eine Reihe von Kurven dargestellt werden, wie in Bild 2.7 gezeigt. Jede Wellenform repräsentiert zu einem Zeitpunkt t_o eine Variable X, deren Wert zufällig von Augenblick zu Augenblick variiert; X ist unvorhersagbar. Jede dieser Wellenformen stellt eine typische Probe oder Musterfolge des Zufalls- oder stochastischen Prozesses dar und die Reihe von Wellenformen, $X_1(t)$, $X_2(t)$.. ist eine Schar oder ein Ensemble.

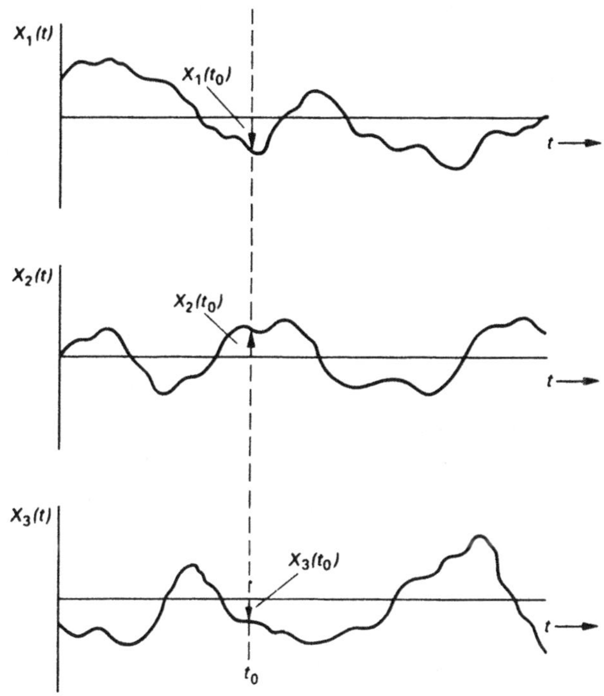

Bild 2.7 Ensemble von zeitabhängigen Zufallsvariablen

Um irgendwelche statistischen Beziehungen innerhalb des Zufallsprozesses zu ermitteln, lassen sich verschiedene mathematische Operationen mit der Reihe der Probefunktionen durchführen. Dabei kann Scharmittelung oder Zeitmittelung zum Einsatz kommen. Bei Scharmittelung werden die Werte $X_1(t_0)$, $X_2(t_0)$, $X_3(t\ )$ usw. der Zufallsvariablen X zu einer bestimmten Zeit t_0 gemittelt und zwar über die Schar der Wellenformen. Hingegen wird bei einer zeitlichen Mittelung eine bestimmte Wellenform, z. B. $X_1(t)$ betrachtet und der Zeitmittelwert über das Zeitintervall dieser Funktion gebildet. Zwei der gebräuchlichsten Größen sind der Mittelwert oder der Erwartungswert E (X) selbst und die Autokorrelationsfunktion $R_x(\tau)$, die im nächsten Kapitel besprochen wird.

Stationärer Prozeß

Ein stochastischer Prozeß, in dem das Scharmmittel der Zufallsvariablen X zu einer Zeit $t = \tau_1$ und irgend einer anderen Zeit $t = \tau_2$ gleich ist, wird stationär genannt, da die statistischen Größen zeitunabhängig sind. Für solch einen Prozeß ist das Mittel oder der Erwartungswert gegeben durch

$$E(X) = \int_{-\infty}^{+\infty} xp(x)\, dx$$

wobei p(x) die Wahrscheinlichkeitsdichtefunktion der Zufallsvariablen X ist. Ganz ähnlich ist die Autokorrelationsfunktion $R_x(\tau)$ über das Zeitintervall $\tau = (\tau_2 - \tau_1)$ gegeben durch

$$E(X_1(\tau_1)X_1(\tau_2)) = R_x(\tau) = \int_{-\infty}^{+\infty} \int_{-\infty}^{+\infty} x_1 x_2\, p(x_1,x_2)\, dx_1\, dx_2$$

wobei $p(x_1, x_2)$ die Verbundwahrscheinlichkeit der Zufallsgröße X ist.

Wenn Mittelwert und Autokorrelation zeitunabhängig sind, ist der stochastische Prozeß stationär im strengen Sinn. Hängt jedoch die Autokorrelationsfunktion von dem Zeitintervall $\tau = \tau_2 - \tau_1$ ab, dann handelt es sich um einen stationären Prozeß im weiten Sinn.

Ergodischer Prozeß

Wenn in einem Zufallsprozeß Scharmittelung und Zeitmittelung zum gleichen Ergebnis führen, so wird dieser stationäre Prozeß auch ergodischer Prozeß genannt. Ein ergodischer Prozeß muß also stationär sein; jedoch sind nicht alle stationären Prozesse auch ergodisch. Das Besondere eines ergodischen Prozesses ist die Tatsache, daß seine statistischen Eigenschaften aus nur einer Musterfunktion bestimmbar sind. Folglich sind die Größen Mittelwert E(X), quadratischer Mittelwert $E(X^2)$ und Autokorrelationsfunktion $R_x(\tau)$ gegeben durch

$$E(X) = \lim_{T\to\infty} \frac{1}{T} \int_{-T/2}^{+T/2} x(t)\, dt$$

$$E(X^2) = \lim_{T\to\infty} \frac{1}{T} \int_{-T/2}^{+T/2} x^2(t)\, dt$$

$$R_x(\tau) = \lim_{T\to\infty} \frac{1}{T} \int_{-T/2}^{+T/2} x(t)\, x(t - \tau)\, dt$$

Typische Beispiele

Stochastische Prozesse, die eine gewisse Bedeutung in elektrischen Systemen haben, sind Wärmerauschen in einem Widerstand oder Schrotrauschen in einem Transistor. Auch die Übertragung binärer Digitalsignale und Telegrafiesignale kann als Zufallsprozeß aufgefaßt werden. Ein spezielles Beispiel ist das weiße Rauschen, welches in den nächsten zwei Kapiteln behandelt wird.

Rauschleistungsdichte

In einem ergodischen stochastischen Prozeß gibt es eine weitere Beziehung zwischen der Leistungsdichtefunktion $S(\omega)$ und der Autokorrelationsfunktion $R_x(\tau)$. Beide bilden ein der Fouriertransformation ähnliches Paar, auch als Wiener-Khintchine-Theorem bekannt. Näheres dazu wird in Kapitel 3.5 angegeben.

3 Korrelationsmethoden

Untersucht man Zufallsprozesse, wie Rauschen, Erdbeben usw., so will man wissen, ob irgendeine statistische Regelmäßigkeit oder Korrelation vorhanden ist. Verschiedene Korrelationstechniken (11) sind als Hilfsmittel hierfür vorhanden.

3.1 Korrelationskoeffizient

Bei der Analyse experimenteller Daten, die die beiden Zufallsvariablen x und y betreffen, kann eine Darstellung wie Bild 3.1 helfen, eine gegenseitige Abhängigkeit dieser beiden Größen oder eine Korrelation zwischen ihnen zu finden. Beispielsweise möge x das Alter verschiedener Personen und y das jeweilige Einkommen darstellen. Im allgemeinen wird man feststellen, daß das Einkommen y der Personen mit dem Alter x wächst. Um nun den Grad des Zusammenhangs zwischen solchen Größen zu messen, benutzt man den wohlbekannten Korrelationskoeffizienten ρ.

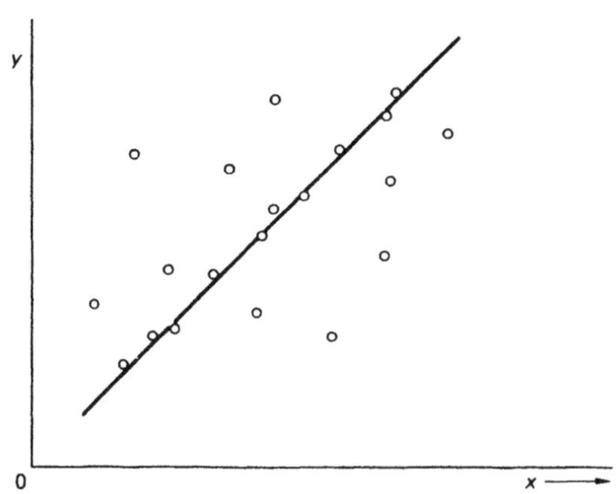

Bild 3.1 Beobachtete Wertepaare x und y und Ausgleichsgerade

Bild 3.1 zeigt deutlich, daß ein linearer Zusammenhang zwischen x und y vermutet werden kann. Ein Maß für die Nähe der Wertepaare x, y an der Geraden $y = m x + c$ erhält man durch Berechnung des Korrelationskoeffizienten ρ. Wenn x und y im Mittel Null sind, lautet der Korrelationskoeffizient

$$\rho = \frac{\overline{xy}}{(\overline{x^2}\ \overline{y^2})^{1/2}} = \frac{\overline{xy}}{\sigma_x \sigma_y}$$

$\overline{xy}$ ist der Mittelwert des Produkts der Variablen x und y und σ_x und σ_y sind die Standardabweichungen von x bzw. y. Für den Wert von ρ gilt, $-1 \leq \rho \leq +1$ auch unabhängig von Maßstabsänderungen.

Ist $\rho = 1$ oder -1, so besteht vollständige Abhängigkeit oder Korrelation; alle Punkte fallen auf die Ausgleichsgerade $y = mx + c$. Bei $\rho = 0$ ist keine Korrelation vorhanden; die Punkte sind verstreut auf das ganze Gebiet. Man sagt in diesem Falle auch, die Variablen sind orthogonal.

Beispiel 3.1

Zwei Variable x_1 und x_2 haben den Korrelationskoeffizienten ρ und die jeweiligen Varianzen $\sigma_1{}^2$ und $\sigma_2{}^2$. Gesucht ist die Varianz von $x_1 + kx_2$ für konstantes k.

Lösung

Für die Varianz $\sigma_y{}^2$ der Größe $y = x_1 + kx_2$ findet man

$$\sigma_y^2 = \overline{(y - \overline{y})^2} = \overline{[(x_1 + kx_2) - \overline{(x_1 + kx_2)}]^2}$$

Mit den Umformungen

$$\overline{x_1 + kx_2} = \overline{x_1} + k\overline{x_2}$$

und $$\overline{x_1} = \overline{x_2} = \overline{x}$$

läßt sich schreiben

$$\sigma_y^2 = \overline{[(x_1 - \overline{x_1}) + k(x_2 - \overline{x_2})]^2}$$

und $$\sigma_y^2 = \overline{[(x_1 - \overline{x}) + k(x_2 - \overline{x})]^2}$$

$$= \overline{(x_1 - \overline{x})^2} + 2k\overline{(x_1 - \overline{x})(x_2 - \overline{x})} + k^2\overline{(x_2 - \overline{x})^2}$$

also $$\sigma_y^2 = \sigma_1^2 + 2k\overline{(x_1 - \overline{x})(x_2 - \overline{x})} + k^2\sigma_2^2$$

Nun ist $$\rho = \frac{\overline{(x_1 - \overline{x})(x_2 - \overline{x})}}{\sigma_1\sigma_2} \qquad (\text{Annahme } \overline{x} \neq 0)$$

und damit $$\sigma_y^2 = \sigma_1^2 + 2k\rho\sigma_1\sigma_2 + k^2\sigma_2^2$$

Beispiel 3.2

Zwei Signale sind durch $v_1 = V_1 \sin \omega_c t$ und $v_2 = V_2 \cos \omega_c t$ gegeben. Zeigen Sie, daß zwischen beiden keine Korrelation besteht.

Lösung

$$v_1 = V_1 \sin \omega_c t \quad \text{mit} \quad \sigma_1 = V_1/\sqrt{2}$$

$$v_2 = V_2 \cos \omega_c t \quad \text{mit} \quad \sigma_2 = V_2/\sqrt{2}$$

$$\overline{v_1 v_2} = \overline{V_1 V_2 \sin \omega_c t \cos \omega_c t} = \frac{V_1 V_2}{2}\overline{\sin 2\omega_c t} = 0$$

Damit wird der Korrelationskoeffizient

$$\rho = \frac{\overline{v_1 v_2}}{\sigma_1 \sigma_2} = 0$$

3.2 Autokorrelationsfunktion

Die Möglichkeit der Korrelation zwischen zwei Zufallsvariablen x(t) und X(t) führt zum Begriff Autokorrelation; hierbei wird die Korrelation eines Zufallssignals x(t) mit einem um das Zeitintervall τ verschoben, ansonsten aber gleichen Signal bestimmt. Die Autokorrelationsfunktion $R_x(\tau)$ des

Signals x(t) ist wie folgt definiert

$$R_x(\tau) = \lim_{T\to\infty} \frac{1}{T} \int_{-T/2}^{+T/2} x(t)\, x(t - \tau)\, dt$$

Diese Definition ist auf alle Signalformen, sowohl zufällige wie periodische oder deterministische, anwendbar.

Bei der Bestimmung von $R_x(\tau)$ ist x(t) mit dem verzögerten Signal $x(t - \tau)$ zu multiplizieren. Das Ergebnis muß über das Zeitintervall T gemittelt werden. Da τ als Parameter noch variabel ist, erhält man für verschiedene τ auch unterschiedliche Werte $R_x(\tau)$. Von besonderem Interesse ist der Wert $R_x(0)$. In diesem Fall ergibt sich

$$R_x(0) = \lim_{T\to\infty} \frac{1}{T} \int_{-T/2}^{+T/2} x(t)\, x(t)\, dt$$

$$= \lim_{T\to\infty} \frac{1}{T} \int_{-T/2}^{+T/2} x^2(t)\, dt$$

Die steht, wie später gezeigt wird, in engem Zusammenhang mit dem Leistungsdichtespektrum S(f).

Anmerkungen

1. $R_x(\tau) = R_x(-\tau)$; die Funktion ist gerade

2. $R_x(\tau) \leq R_x(0)$; $R_x(0)$ ist das Maximum der Funktion $R_x(\tau)$.

Ein Beispiel zu Verdeutlichung wird in Bild 3.2 gezeigt. Hier ist der Fall einer unsymmetrischen Rechteckschwingung, die um τ verzögert ist, dargestellt. Da in diesem Beispiel x(t) eine periodische Funktion ist, ist $R_x(\tau)$ die mittlere Höhe von $x(t)\, x(t - \tau)$ über eine Periode T genommen; die Wellenform wiederholt sich ja nach einer Periode. Durch Betrachtung der beiden Wellenformen x(t) und $x(t - \tau)$ in Bild 3.2 ergibt sich auch der Wert des Produktes $x(t)\, x(t - \tau)$. Es ist also zunächst wegen Periodizität

$$R_x(\tau) = \lim_{T\to\infty} \frac{1}{T} \int_{-T/2}^{+T/2} x(t)\, x(t - \tau)\, dt = \frac{1}{T} \int_{-T/2}^{+T/2} x(t)\, x(t - \tau)\, dt$$

Dann wird

$$R_x(\tau) = \frac{1}{T} \Big(\int_{-T/2}^{-T/2+\tau} (-V_0)\, V_0\, dt + \int_{-T/2+\tau}^{0} (-V_0)(-V_0)\, dt +$$

$$+ \int_0^{\tau} V_0(-V_0)\,dt + \int_{\tau}^{+T/2} V_0(V_0)\,dt]$$

$$= \frac{1}{T}\,[\,-V_0^2(-\frac{T}{2} + \tau + \frac{T}{2}) + V_0^2(\frac{T}{2} - \tau) - V_0^2(\tau) + V_0^2(\frac{T}{2} - \tau)]$$

$$= \frac{V_0^2}{T}(T - 4\tau)$$

Also $\quad R_x(\tau) = V_0^2(1 - 4\tau/T) \quad$ und $\quad R(0) = V_0^2$

Da nun $R_x(\tau) = R_x(-\tau)$ ist, ist die Kurvenform von $R_x(\tau)$ zwischen $-T/2 \leq \tau < 0$ die gleiche, wie die zwischen $0 < \tau \leq T/2$. Das Ergebnis ist eine Dreiecksschwingung, siehe Bild 3.2; es wiederholt sich nach der Periode t, da x(t) auch eine periodische Funktion ist.

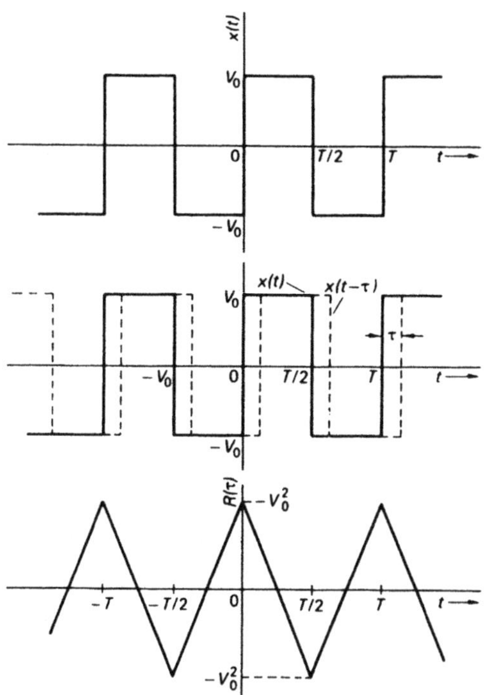

Bild 3.2 Unsymmetrische Rechteckschwingung und Autokorrelationsfunktion

Beispiel 3.3

Zeigen Sie, daß die Autokorrelationsfunktion des periodischen Signals v(t)

$= V_0 \sin(\omega t - \phi)$ mit $0 < \phi < 2\pi$ auch periodisch ist. Wie groß ist das Maximum?

Lösung

Die Autokorrelationsfunktion erhält man durch Integration über die Periode T.

$$R(\tau) = \lim_{T\to\infty} \frac{1}{T} \int_{-T/2}^{+T/2} x(t)\, x(t-\tau)\, dt$$

$$= \frac{1}{T} \int_{-T/2}^{+T/2} V_0 \sin(\omega t - \phi) V_0 \sin\{\omega(t-\tau) - \phi\}\, dt$$

$$= \frac{V_0^2}{2T} \int_{-T/2}^{+T/2} 2\sin(\omega t - \phi)\, \sin\{\omega(t-\tau) - \phi\}\, dt$$

Mit trigonometrischen Umformungen wird daraus

$$R(\tau) = \frac{V_0^2}{2T} \int_{-T/2}^{+T/2} (\cos \omega\tau - \cos\{\omega(2t-\tau) - 2\phi\})\, dt$$

$$= \frac{V_0^2}{2T} \int_{-T/2}^{+T/2} \cos \omega\tau\, dt$$

da das 2. Integral verschwindet.

Die Lösung ist also

$$R(\tau) = \frac{V_0^2}{2T} \cos \omega\tau \times T = \frac{V_0^2}{2} \cos \omega\tau$$

Das Maximum ist $R(0) = V_0^2/2$; $R(\tau)$ ist periodisch mit der Periodendauer $\tau = 2\pi/\omega$. In Bild 3.3 ist die Lösung dargestellt.

Beispiel 3.4

Leiten Sie einen Ausdruck für die Autokorrelationsfunktion eines zufälligen Telegrafiesignals ab, wie es in Bild 3.4 dargestellt ist. Dabei soll angenommen werden, daß die Zeitpunkte der Nulldurchgänge einer Poissonverteilung folgen.

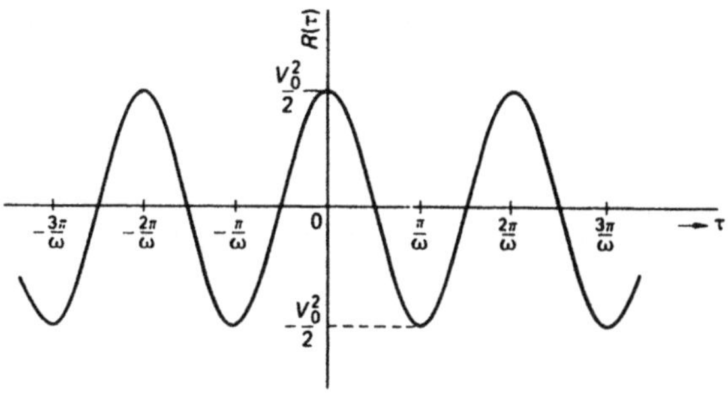

Bild 3.3 Autokorrelationsfunktion von $V_0 \sin(\omega t - \phi)$

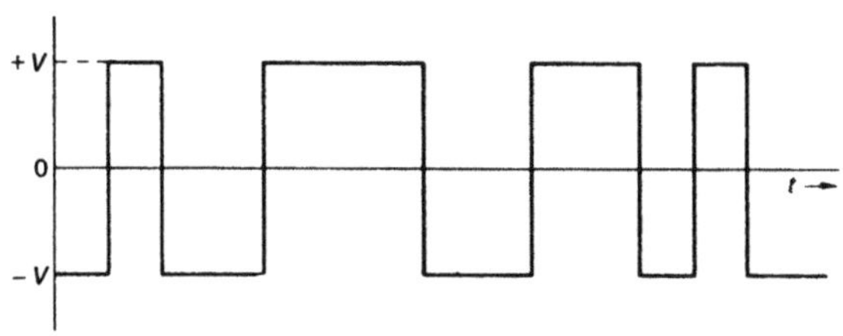

Bild 3.4 Telegrafiesignal zu Beispiel 3.4

Lösung

Das Signal wechselt zwischen den Werten ± V. Für m Nulldurchgänge im Zeitintervall T kann die Wahrscheinlichkeit $P_m(0)$, oder kürzer geschrieben P(m), laut Aufgabenstellung angegeben werden:

$$P(m) = \frac{(\nu T)^m}{m!} e^{-\nu T}$$

Dabei ist $\nu = m/t$ die mittlere Anzahl von Nulldurchgängen pro Sekunde.

Zur Berechnung der Autokorrelationsfunktion benötig man den Wert des Produktes $x(t)\, x(t - \tau) = \pm V^2$. Das Pluszeichen trifft zu bei einer geraden Anzahl von Nulldurchgängen im Zeitintervall T und das Minuszeichen bei einer ungeraden Anzahl. Die Definition von R(τ) war

$$R(\tau) = \lim_{T \to \infty} \frac{1}{T} \int_{-T/2}^{+T/2} x(t)\, x(t - \tau)\, dt$$

also der Mittelwert des Produkts $x(t)\, x(t - \tau)$.

In Abschnitt 2.5 wurde der Mittelwert einer beliebigen Variablen x wie folgt angegeben.

$$\overline{x} = \sum_{i=1}^{j} x_1 \, P(x_1)$$

Im hier vorliegenden Fall ist die Variable das Produkt x(t) x(x - τ) mit dem Wert ± V^2. Das Vorzeichen hängt von der Anzahl m der Nulldurchgänge im Zeitintervall T ab.

Man erhält

$$R(\tau) = \sum_{m \text{ gerade}} V^2 P(m) - \sum_{m \text{ ungerade}} V^2 P(m) = V^2 \Big(\sum_{m \text{ gerade}} P(m) - \sum_{m \text{ ungerade}} P(m) \Big)$$

Die Wahrscheinlichkeiten P(m) gelten für jedes Zeitintervall T, also auch für T = τ.Dies in die oben angegebene Wahrscheinlichkeit eingesetzt führt auf

$$R(\tau) = V^2 \, (P(0) + P(2) + \ldots) - V^2 \, (P(1) + P(3) + \ldots)$$

$$= V^2 \, e^{-\nu\tau} \left(1 + \frac{(\nu\tau)^2}{2!} + \ldots\right) - V^2 \, e^{-\nu\tau} \left(\nu\tau + \frac{(\nu\tau)^3}{3!} + \ldots\right)$$

$$= V^2 \, e^{-\nu\tau} \left(1 - \nu\tau + \frac{(\nu\tau)^2}{2!} - \ldots\right)$$

$$= V^2 \, e^{-\nu\tau} \, (e^{-\nu\tau})$$

also $$R(\tau) = V^2 \, e^{-2\nu\tau}$$

Da R(τ) = R(- τ) gilt, läßt sich allgemeiner schreiben

$$R(\tau) = V^2 \, e^{-2\nu|\tau|}$$

Das Ergebnis zeigt Bild 3.5

Anmerkung

Man sieht, daß die Kurve in Bild 3.5 für kleine τ eine schmale Spitze aufweist. Je schmaler R(τ) ist, desto größer ist die Anzahl der Nulldurchgänge

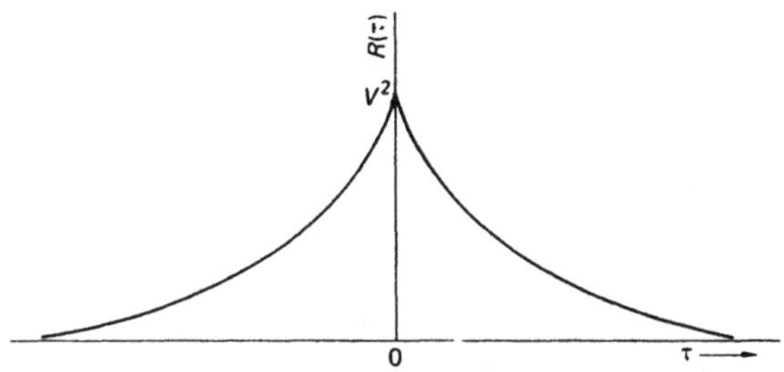

Bild 3.5 Autokorrelationsfunktion des Telegrafiesignals von Beispiel 3.4

im Zeitintervall $T = \tau$; dies weist auf höherfrequente Komponenten im Spektrum hin. Dieser Zusammenhang wird später genauer betrachtet, wenn das zu diesem Signal gehörige Leistungsspektrum $S(f)$ bestimmt wird.

3.3 Kreuzkorrelationsfunktion

Man drückt analog zur Autokorrelation die mögliche Korellation oder statistische Abhängigkeit zweier verschiedener Schwankungsgrößen $x(t)$ und $y(t)$ durch die Kreuzkorrelationsfunktion $R_{xy}(\tau)$ aus und definiert

$$R_{xy}(\tau) = \lim_{T\to\infty} \frac{1}{T} \int_{-T/2}^{+T/2} x(t)\, y(t-\tau)\, dt$$

Diese Funktion findet in Kommunikations- (11, 12) und Regelungssystemen Anwendung. Im ersteren Fall läßt sie die Übertragungseigenschaften eines Kanals erkennen und gibt Hinweise auf Interferenz zwischen Symbolen oder auf Übersprechen.

Anmerkungen

1. $R_{xy}(\tau) = R_{yx}(\tau)$, meistens jedoch $R_{xy}(\tau) \neq R_{xy}(-\tau)$.
2. $R_{xy}(\tau) \leq \sqrt{R_x(0)\, R_y(0)}$.
3. $R_{xy}(\tau) = 0$ bedeutet statistische Unabhängigkeit zwischen den stochastischen Prozessen $x(t)$ und $y(t)$.

Beispiel 3.5

Zwei Zufallssignale sind durch $m(t) = A\sin(\omega_1 t + \theta)$ und $n(t) = B\sin(\omega_2 t + \phi)$ gegeben. A und B sind Konstante, θ und ϕ variieren gleichmäßig von 0 bis

2π. Zeigen Sie, daß die Kreuzkorrelationsfunktion $R_{mn}(\tau) = 0$ ist.

Lösung

$$R_{mn}(\tau) = \lim_{T\to\infty} \frac{1}{T} \int_{-T/2}^{+T/2} m(t)\, n(t-\tau)\, dt$$

$$= \frac{1}{T} \int_{-T/2}^{+T/2} A \sin(\omega_1 t + \theta)\, B \sin\{\omega_2 t - (\omega_2\tau - \phi)\}\, dt$$

$$= \frac{AB}{T} \int_{-T/2}^{+T/2} \left((\sin\omega_1 t \cos\theta + \cos\omega_1 t \sin\theta)\right.$$

$$\left.\times \{\sin\omega_2 t \cos(\omega_2\tau - \phi) - \cos\omega_2 t \sin(\omega_2\tau - \phi)\}\right) dt$$

$$= AB \left(\cos\theta \cos(\omega_2\tau - \phi) \frac{1}{T} \int_{-T/2}^{+T/2} \sin\omega_1 t \sin\omega_2 t\, dt\right.$$

$$+ \sin\theta \cos(\omega_2\tau - \phi) \frac{1}{T} \int_{-T/2}^{+T/2} \cos\omega_1 t \sin\omega_2 t\, dt$$

$$- \cos\theta \sin(\omega_2\tau - \phi) \frac{1}{T} \int_{-T/2}^{+T/2} \sin\omega_1 t \cos\omega_2 t\, dt$$

$$\left.- \sin\theta \sin(\omega_2\tau - \phi) \frac{1}{T} \int_{-T/2}^{+T/2} \cos\omega_1 t \cos\omega_2 t\, dt\right)$$

Im Falle $\omega_1 \neq \omega_2$ sind alle Integrale in der letzten Gleichung Null, also ist auch

$$R_{mn}(\tau) = 0$$

3.4 Leistungsdichtespektrum

Die mittlere Leistung eines periodischen oder auch zufälligen Signals $x(t)$ muß endlich sein, auch wenn es sich über einen unendlichen Zeitabschnitt erstreckt. Ihre Berechnung kann mittels des Leistungsdichtespektrums oder der spektralen Leistungsdichte $S(f)$ erfolgen; diese ist definiert als die mittlere Leistung pro Hz Bandbreite bei der Frequenz f, die in einem Lastwiderstand von 1 Ω umgesetzt wird. $S(f)\, df$ gibt also die mittlere Leistung im Frequenzbereich df an, damit ist die mittlere Leistung P_{av} eines periodischen oder zufälligen Signals $x(t)$ gegeben durch

$$P_{av} = \int_{-\infty}^{+\infty} S(f)\, df = \frac{1}{2\pi} \int_{-\infty}^{+\infty} S(\omega)\, d\omega$$

Anmerkungen

1. Ist x(t) periodisch, so steht S(ω) mit der Fouriertransformierten F(ω) der Zeitfunktion x(t) in Zusammenhang, siehe Anhang C. Es gilt

$$S(\omega) = \lim_{T\to\infty} \frac{|F(\omega)|^2}{T}$$

2. $|F(\omega)|^2$ stellt Energie dar, die mit $T\to\infty$ ansteigt. Jedoch wird vorausgesetzt, daß das Verhältnis $|F(\omega)|^2/T$ endlich ist und deshalb auch S(ω) als eine endliche Größe definiert werden kann.

3. Ist x(t) eine Zufallsgröße, so wird der Ausdruck für S(ω)

$$S(\omega) = \lim_{T\to\infty} \overline{\frac{|F(\omega)|^2}{T}}$$

wobei $\overline{|F(\omega)|^2}$ das Scharmittel ist. Bei ergodischen Vorgängen ist $|F(\omega)|^2$ dasselbe wie $\overline{|F(\omega)|^2}$.

3.5 Wiener-Khintchine-Theorem (13,14)

Einen wichtigen Zusammenhang zwischen der Autokorrelationsfunktion R(τ) und der spektralen Leistungsdichte S(f) gibt dieses Theorem an, nämlich daß R(τ) und S(f) durch eine Fouriertransformation verbunden sind. Es gilt

$$S(f) = \int_{-\infty}^{+\infty} R(\tau)\, e^{-j\omega\tau}\, d\tau$$

$$R(\tau) = \int_{-\infty}^{+\infty} S(f)\, e^{j\omega\tau}\, df$$

und der Beweis wird im Anhang D geführt.

Beispiel 3.6

Bestimmen Sie mittels Wiener-Khintchine-Theorem die spektrale Leistungsdichte des stochastischen Telegrafiesignals aus Beispiel 3.4. Diskutieren Sie die physikalische Bedeutung des Ergebnisses.

Lösung

Die Autokorrelationsfunktion des Telegrafiesignals war im Beispiel 3.4 bestimmt zu

$$R(\tau) = V^2\, e^{-2\nu|\tau|}$$

Es gilt damit

$$S(f) = \int_{-\infty}^{+\infty} R(\tau)\, e^{-j\omega\tau}\, d\tau$$

$$= \int_{-\infty}^{+\infty} V^2 e^{-2\nu|\tau|} e^{-j\omega\tau}\, d\tau$$

$$= V^2 \left(\int_{-\infty}^{0} e^{-2\nu|\tau|}\, e^{-j\omega\tau}\, d\tau + \int_{0}^{\infty} e^{-2\nu|\tau|}\, e^{-j\omega\tau}\, d\tau\right)$$

$$= V^2 \left(\int_{0}^{\infty} e^{-2\nu|\tau|}\, e^{j\omega\tau}\, d\tau + \int_{0}^{\infty} e^{-2\nu|\tau|}\, e^{-j\omega\tau}\, d\tau\right)$$

$$= V^2 \int_{0}^{\infty} e^{-2\nu|\tau|}\, (e^{j\omega\tau} + e^{-j\omega\tau})\, d\tau$$

also $$S(f) = 2V^2 \int_{0}^{\infty} e^{-2\nu|\tau|}\, \cos\omega\tau\, d\tau$$

Dieses Integral kann aus einer Integraltafel entnommen werden.

$$\int e^{\alpha x} \cos\beta x\, dx = \frac{e^{\alpha x}}{\alpha^2 + \beta^2}(\alpha\cos\beta x + \beta\sin\beta x)$$

Man erhält also

$$S(f) = 2V^2 \left(\frac{e^{-2\nu|\tau|}}{(2\nu)^2 + \omega^2}\{-2\nu\cos\omega\tau + \omega\sin\omega\tau\}\right)_0^\infty$$

$$= \frac{2V^2}{(2\nu)^2 + \omega^2}\{0 - e^0\,(-2\nu)\}$$

$$S(f) = \frac{4V^2\nu}{(2\nu)^2 + \omega^2}$$

Die Funktion ist in Bild 3.6 dargestellt; ihr Maximum ist $S(0) = V^2/\nu$.

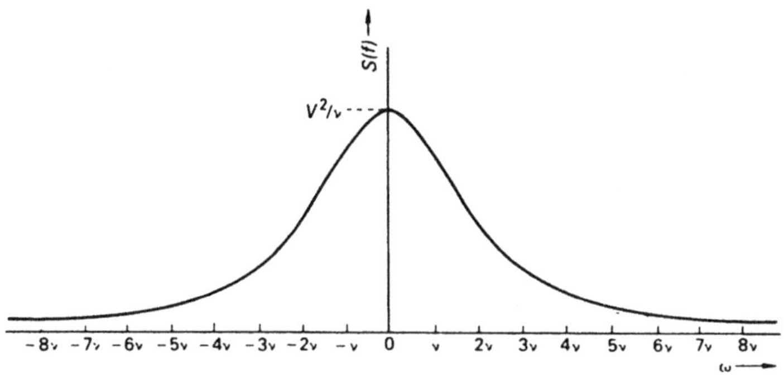

Bild 3.6 Spektrale Leistungsdichte des Telegrafiesignals aus Beispiel 3.4

Bild 3.6 zeigt, daß das Signal einen beträchtlichen Anteil höherfrequenter Energie enthält, sogar bei Frequenzwerten $\omega \geq 4\,\nu$.

Beispiel 3.7

Die Autokorrelationsfunktion eines RC Netzwerkes ist gegeben durch

$$R(\tau) = (S_0\omega_0/4)\; e^{-\omega_0|\tau|}$$

Darin ist S_0 die spektrale Leistungsdichte ($\omega > 0$) und $\omega_0 = 1/RC$. Zu bestimmen ist der Effektivwert der Spannung am Ausgang des Netzwerks.

Lösung

Mittels des Wiener-Khintchine-Theorems läßt sich schreiben

$$R(\tau) = \int_{-\infty}^{+\infty} S(f)\; e^{j\omega\tau}\; df$$

und
$$R(0) = \int_{-\infty}^{+\infty} S(f)\; df$$

Letzteres ist die mittlere Ausgangsleistung des Netzwerks d. h. es gilt

$$R(0) = \frac{S_0\omega_0}{4}\; e^0 = \frac{S_0\omega_0}{4} \quad \text{Watt}$$

Ist V der Effektivwert der Spannung an einer 1 Ω Last, so gilt für die verfügbare Leistung

$$P_{av} = V^2$$

und damit $V = \sqrt{\frac{S_0\omega_0}{4}} = \frac{\sqrt{S_0\omega_0}}{2}$ Volt

3.6 Weißes Rauschen

Man weiß, daß Rauschsignale, die von gewissen Quellen erzeugt werden, über einen sehr weiten Frequenzbereich bis hin zu 10^{13} Hz eine gleichförmige Leistungsverteilung haben. Die angegebene Frequenz liegt im Ultraviolettbereich; darüber hinaus klingt die Leistungsdichte ab, wie man mit der statistischen Thermodynamik zeigen kann. Solche Rauschsignale nennt man weißes Rauschen in Analogie zum weißen Licht, das ja auch ein gleichmäßiges Leistungsdichtespektrum, über das optische Frequenzband betrachtet,hat. Beispiele hierfür sind thermisches Rauschen in Widerständen und Schrotrauschen (shot noise) in Röhren und Halbleitern. Diese Rauschsignale haben eine Gaußsche Amplitudenverteilung; sie werden auch Gaußsches weißes Rauschen genannt.

Ist N_0 die spektrale Rauschleistungsdichte bzw. die Rauschleistung pro Hz Bandbreite für positive Frequenzen, so muß man, wenn man (aus mathematischen Gründen) positive und negative Frequenzen verwendet, für die Rauschleistungsdichte dann $N_0/2$ ansetzen, wie in Bild 3.7(a) gezeigt. Für die Autokorrelationsfunktion des weißen Rauschens erhält man also

$$R(\tau) = \frac{1}{2\pi} \int_{-\infty}^{+\infty} S(\omega)\, e^{j\omega\tau}\, d\omega = \frac{1}{2\pi} \int_{-\infty}^{+\infty} \frac{N_0\, e^{j\omega\tau}}{2}\, d\omega = \frac{N_0}{2}\frac{1}{2\pi} \int_{-\infty}^{+\infty} e^{j\omega\tau}\, d\omega$$

bzw. $$R(\tau) = \frac{N_0}{2}\, \delta(\tau)$$

Darin ist $\delta(\tau)$ die Diracsche Deltafunktion, siehe Bild 3.7(b). Da $R(\tau)$ nur $\tau = 0$ einen Wert hat, gibt es keine Korrelation zwischen zwei Proben des weißen Rauschens, die um $\tau > 0$ auseinanderliegen; sie sind infolgedessen statistisch unabhängig.

Man erkennt aus Bild 3.7(a), daß die mittlere verfügbare Leistung, gegeben durch

$$P_{av} = \frac{1}{2\pi} \int_{-\infty}^{+\infty} S(\omega)\, d\omega$$

unendlich wird, was aus physikalischen Gründen jedoch bei praktischen Schaltungen nicht sein kann. Da in Kommunikationssystemen immer bandbegrenzende Schaltungen vorhanden sind, betrachtet man die mittlere Leistung

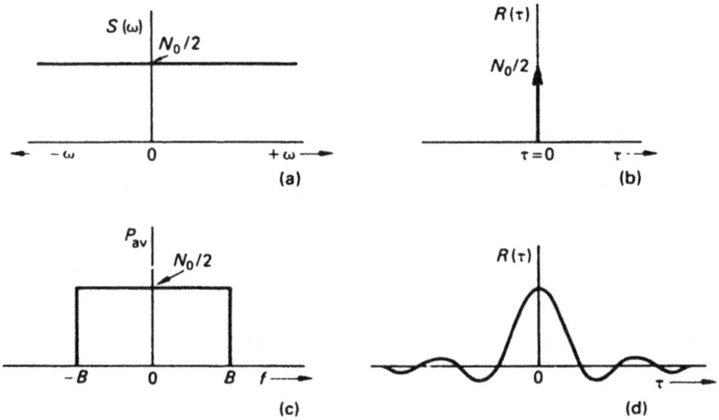

Bild 3.7 Rauschleistungsdichte und Autokorrelationsfunktion des weißen Rauschens (a) und (b) sowie des bandbegrenzten weißen Rauschen (c) und (d)

von weißem Rauschen, das durch ein Filter mit einer bestimmten definierten Bandbreite gegangen ist. Dieses Rauschen wird dann bandbegrenztes weißes Rauschen oder farbiges Rauschen genannt.

3.7 Bandbegrenztes weißes Rauschen

Passiert ein weißes Rauschen ein ideales Tiefpaßfilter mit der Bandbreite ± B Hz, so erhält man das Ausgangsrauschen mit der Übertragungsfunktion H(ω) des Filters. Es gilt

$$\frac{S_0(\omega)}{S_i(\omega)} = |H(\omega)|^2$$

$S_i(\omega)$ und $S_0(\omega)$ sind die Leistungsdichtespektren am Eingang und Ausgang. Die Übertragungsfunktion ist $|H(\omega)| = 1$ für $|\omega| \leq 2\pi$ B, sonst Null. Man erhält also

$$P_{av} = \frac{1}{2\pi} \int_{-\infty}^{+\infty} S_0(\omega)\, d\omega = \frac{N_0}{2} \int_{-B}^{+B} df = N_0 B \quad \text{Watt}$$

siehe auch Bild 3.7(c).

Die Autokorrelationsfunktion R(τ) des bandbegrenzten weißen Rauschens ist

$$R(\tau) = \frac{1}{2\pi} \int_{-\infty}^{+\infty} S_0(\omega)\ e^{j\omega\tau}\ d\omega = \frac{1}{2\pi} \int_{-\infty}^{+\infty} S_i(\omega) |\ H(\omega)|^2\ e^{j\omega\tau}\ d\omega$$

$$= \frac{1}{2\pi} \int_{-\infty}^{+\infty} \frac{N_0}{2}\ e^{j\,\omega\tau}\ d\omega = \frac{N_0}{2} \int_{-B}^{+B} e^{j2\pi f\tau}\ df = \frac{N_0}{2} \left(\frac{e^{j2\pi f}}{j2\pi\tau}\right)\Bigg|_{-B}^{+B}$$

$$= N_0 B\ \frac{\sin(2\pi B\tau)}{2\pi B\tau}$$

also $$R(\tau) = N_0 B\ \frac{\sin x}{x}$$

wobei $x = 2\pi B\tau$ ist. $R(\tau)$ ist in Bild 3.7(d) dargestellt.

Die Kurvenform von $R(\tau)$ ist eine $(\sin x)/x$ - Funktion, d. h. es gibt eine Korrelation beiderseits von $\tau = 0$; die Funktion hat Nullstellen im Abstand von $\tau = 1/(2B)$. Filtert man also unkorreliertes weißes Rauschen, so entsteht korreliertes bandbegrenztes weißes Rauschen bzw. farbiges Rauschen.

Beispiel 3.8

Das Eingangssignal eines RC Tiefpaßfilters aus Bild 3.8 ist weißes Rauschen mit dem Leistungsdichtespektrum $N_0/2$ Watt/Hz. Bestimmen Sie das Leistungsdichtespektrum am Ausgang und die mittlere Rauschleistung.

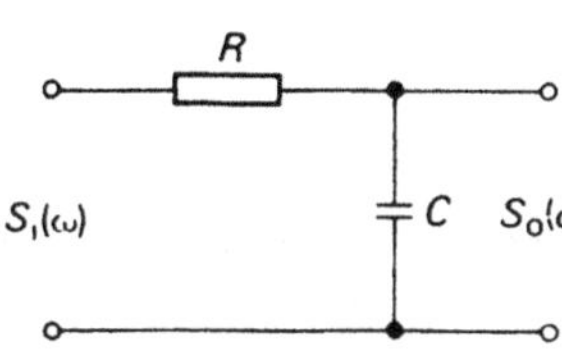

Bild 3.8 RC - Tiefpaßfilter

Lösung

Für die Übertragungsfunktion $H(\omega)$ des Netzwerks gilt

$$H(\omega) = \frac{1/j\omega C}{R + 1/j\omega C} = \frac{1}{1 + j\omega RC}$$

und $$|H(\omega)|^2 = \frac{1}{1 + (\omega RC)^2}$$

Sind $S_i(\omega)$ und $S_o(\omega)$ die Leistungsdichtespektren an Ein- und Ausgang, so ist

$$\frac{S_o(\omega)}{S_i(\omega)} = |H(\omega)|^2 \frac{1}{1 + (\omega RC)^2}$$

bzw. $$S_o(\omega) = \frac{N_o/2}{1 + (\omega RC)^2}$$

Die mittlere Rauschleistung am Ausgang ist gegeben durch

$$P_{av} = \frac{1}{2\pi} \int_{-\infty}^{+\infty} S_o(\omega)\, d\omega = \frac{N_o}{4\pi} \int_{-\infty}^{+\infty} \frac{d\omega}{1 + (\omega RC)^2}$$

Benutzt man die Substitution $u = \omega RC$ und $du = RC\, d\omega$, erhält man

$$P_{av} = \frac{N_o}{4\pi RC} \int_{-\infty}^{+\infty} \frac{du}{u^2 + 1} = \frac{N_o}{4\pi RC} (\arctan\ u\ )\Big|_{-\infty}^{+\infty}$$

$$= \frac{N_o}{4\pi RC} (\arctan \infty - \arctan (- \infty))$$

$$= \frac{N_o}{4\pi RC} (\frac{\pi}{2} - (- \frac{\pi}{2}))$$

also $$P_{av} = N_o/(4RC)$$

Beispiel 3.9

Ein Sinusträgersignal passiert zusammen mit Gaußschem weißen Rauschen einen schmalbandigen IF-Verstärker und wird anschließend durch einen linearen Hüllkurvendetektor demoduliert. Zeigen Sie, daß das Ausgangssignal je nach Größe des Signal-Rauschverhältnisses am Eingang eine Rayleigh- oder eine Gauß-Verteilung hat.

Lösung

Das Trägersignal sei $v = V_c \sin \omega_c t$, dann ist das Eingangssignal am Detektor gegeben durch

$$v(t) = V_c \sin \omega_c t + n(t) = (V_c + x(t))\sin \omega_c t + y(t) \cos \omega_c t$$

wobei das Rauschsignal $n(t)$ durch seine beiden Komponenten (in Phase und in Quadraturphase, d.h. 90° phasenverschoben) ausgedrückt ist, siehe Anhang E.

Substituiert man $x = V_c + x(t)$ und $y = y(t)$, wird daraus

$$v(t) = x \sin \omega_c t + y \cos \omega_c t$$

oder $$v(t) = r \sin(\omega_c t + \phi)$$

wobei $r = \sqrt{x^2 + y^2}$ und $\phi = \arctan (y/x)$ ist.

Es kann gezeigt werden, daß die Variablen x und y unabhängig voneinander und Gauß-verteilt sind. Die Wahrscheinlichkeitsdichtefunktionen lauten also

$$p(x) = \frac{e^{-(x - V_c)^2/(2\sigma^2)}}{\sqrt{2\pi\sigma^2}} \quad \text{und} \quad p(y) = \frac{e^{-y^2/(2\sigma^2)}}{\sqrt{2\pi\sigma^2}}$$

mit der Varianz σ^2.

Die Wahrscheinlichkeitsverteilungen der Amplitude r und der Phase ϕ hängen von x und y ab. Die Variablen x und y gehen direkt in die Variablen r und ϕ über; es gilt also für die Verbundwahrscheinlichkeiten

$$p(x,y)\, dx\, dy = p(r,\phi)\, dr\, d\phi$$

und da x und y unabhängig sind, auch

$$p(x,y) = p(x)\, p(y) = \frac{e^{-((x - V_c)^2 + y^2)/(2\sigma^2)}}{2\pi\sigma^2}$$

$$= \frac{e^{-((x^2 + y^2) - 2xV_c + V_c^2)/(2\sigma^2)}}{2\pi\sigma^2}$$

Eingesetzt erhält man

$$p(x,y)\, dx\, dy = \frac{e^{-(r^2 - 2rV_c\cos\phi + V_c^2)/(2\sigma^2)}}{2\pi\sigma^2}\, r\, dr\, d\phi$$

da auch $dx\, dy = r\, dr\, d\phi$ gilt. Damit ist nun auch $p(r,\phi)$ bekannt:

$$p(r,\phi) = \frac{r e^{-(r^2 - 2rV_c\cos\phi + V_c^2)/(2\sigma^2)}}{2\pi\sigma^2}$$

Um nun die Dichtefunktion der Amplitudenverteilung p(r) zu bestimmen, muß über alle ϕ-Werte integriert werden:

$$p(r) = \int_0^{2\pi} p(r,\phi)\, d\phi$$

$$= \int_0^{2\pi} \frac{re^{-(r^2 - 2rV_c\cos\phi + V_c^2)/(2\sigma^2)}}{2\pi\sigma^2}\, d\phi$$

$$= \frac{re^{-(r^2 + V_c^2)/(2\sigma^2)}}{2\pi\sigma^2} \int_0^{2\pi} e^{rV_c\cos\phi/\sigma^2}\, d\phi$$

Aus einer Integraltafel entnimmt man das Integral $I_o(z)$ mit

$$I_o(z) = \frac{1}{2\pi} \int_0^{2\pi} e^{z\cos\phi}\, d\phi$$

I_o ist die modifizierte Besselfunktion Null'ter Ordnung. Es läßt sich damit schreiben

$$p(r) = \frac{re^{-(r^2 + V_c^2)/(2\sigma^2)}}{\sigma^2}\; I_o\left(\frac{rV_c}{\sigma^2}\right)$$

Die Größe V_c/σ^2 kann mit der Träger- und der Rauschleistung in Beziehung gesetzt werden, da $V_c^2/2 = C_i$ und $\sigma^2 = \overline{n^2(t)} = N_i$ ist. Man erhält

$$\frac{rV_c}{\sigma^2} = \frac{r\sqrt{2C_i}}{\sigma\sqrt{N_i}}$$

oder $$z = \frac{r}{\sigma}\sqrt{2(C_i/N_i)}$$

Wenn $C_i << N_i$ ($z << 1$) ist, läßt sich näherungsweise $I_o(z) \simeq e^{z^2/4} \simeq 1$ einsetzen und es wird

$$p(r) = \frac{re^{-(r^2 + V_c^2)/(2\sigma^2)}}{\sigma^2}$$

und $$p(r) \simeq \frac{re^{-r^2/(2\sigma^2)}}{\sigma^2} \quad \text{da} \quad V_c^2/(2\sigma^2) \simeq 0$$

Dies ist eine Rayleigh-Verteilung mit dem Maximum bei $r = \sigma$.

Ist nun anderseits $C_i \gg N_i$ $(z \gg 1)$, gilt die asymptotische Darstellung für die modifizierte Besselfunktion $I_o(z) \approx e^z/\sqrt{2\pi z}$. Damit ergibt sich

$$p(r) = \frac{r e^{-(r^2 + V_c^2)/(2\sigma^2)}}{\sigma^2} \; \frac{e^{rV_c/\sigma^2}}{\sqrt{2\pi r\, V_c/\sigma^2}}$$

$$= \frac{r e^{-(r - V_c)^2/(2\sigma^2)}}{\sqrt{2\pi r\, V_c \sigma^2}} = \frac{e^{-(r - V_c)^2/(2\sigma^2)}}{\sigma \sqrt{2\pi V_c/r}}$$

$$p(r) \approx \frac{e^{-(r - V_c)^2/(2\sigma^2)}}{\sigma \sqrt{2\pi}} \quad \text{in der Umgebung} \quad r \approx V_c$$

Dies ist die Gauß-Verteilung mit dem Mittelwert bei $r = V_c$. Beide Verteilungen sind in Bild 3.9 dargestellt.

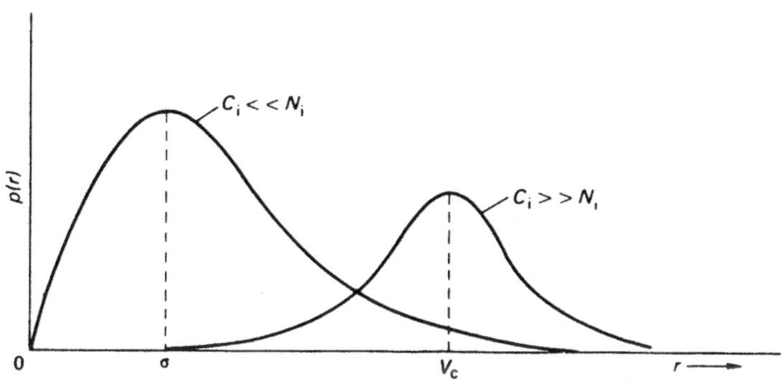

Bild 3.9 Ausgangssignal eines Hüllkurvendetektors mit vorgeschaltetem schmalbandigen ZF-Verstärker: Rayleigh-Verteilung bei $C_i \ll N_i$ und Gauß-Verteilung bei $C_i \gg N_i$

3.8 Korrelationsdetektion (11,15)

Die Entdeckung eines schwachen periodischen Signals überdeckt von weißem Rauschen kann mittels Auto- oder Kreuzkorrelationstechniken erreicht werden.

Wird das Empfangssignal mit sich selbst korreliert, ergibt sich eine Korrelationsfunktion, wie in Bild 3.10(a) gezeigt.

Die hohe Spitze bei Verzögerungszeit $\tau = 0$ wird durch die Autokorrelation des bandbegrenzten Rauschens und der Autokorrelation der periodischen Signalkomponente verursacht. Für große Verzögerungszeiten τ tendiert die Autokorrelation des Rauschsignals mit dem Mittelwert Null gegen Null, während die des periodischen Signals weiterhin periodisch bleibt. So kann das periodische Signal detektiert und seine Frequenz bestimmt werden.

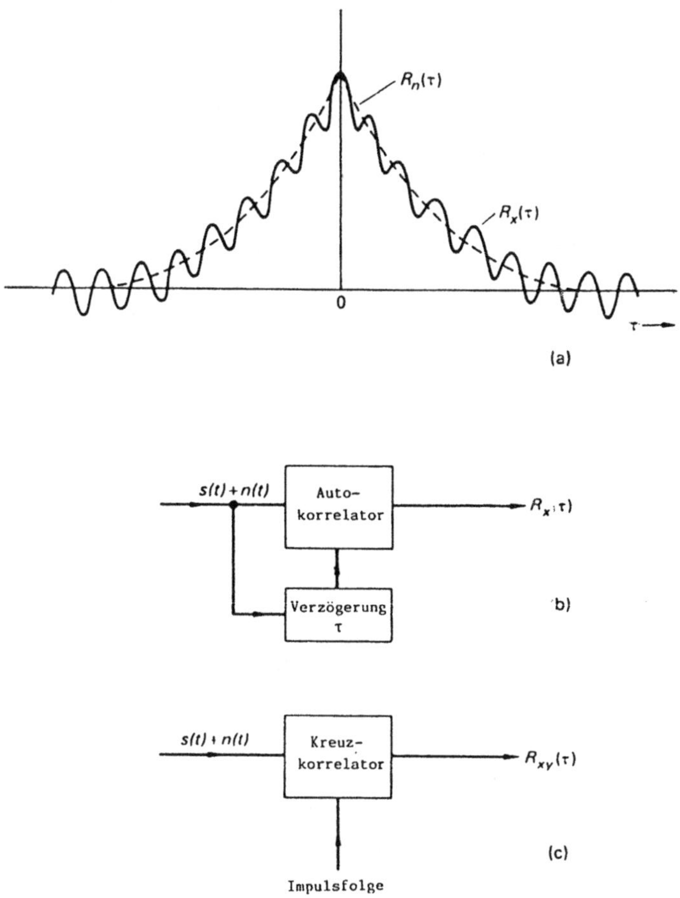

Bild 3.10(a) Autokorrelationsfunktion eines von weißem Rauschen überdeckten periodischen Signals
(b) Blockschaltbild zur Gewinnung der Autokorrelationsfunktion
(c) Kreuzkorrelator

Es wird davon ausgegangen, daß das periodische Signal s(t) und das Rauschsignal n(t) unkorreliert sind. Für x(t) = s(t) + n(t) läßt sich schreiben

$$R_x(\tau) = R_s(\tau) + R_{sn}(\tau) + R_{ns}(\tau) + R_n(\tau)$$

Hierin sind $R_{sn}(\tau) = R_{ns}(\tau) = 0$, da periodisches und Rauschsignal unkorreliert sind, und $R_n(\tau) \to 0$ für große τ. Damit erhält man

$$R_x(\tau) = R_s(\tau)$$

Das Blockschaltbild hierzu ist in Bild 3.10(b) dargestellt.

Mittels Autokorrelation erhält man nur die Frequenz, jedoch keine Information über die Kurvenform von s(t); hier hilft die Kreuzkorrelation weiter: Das Signal s(t) wird mit einer Impulsfolge y(t), deren Periodendauer T_o mit der von s(t) (Messung mit Autokorrelation, siehe weiter oben) übereinstimmt, kreuzkorreliert. Es ergibt sich

$$R_{xy}(\tau) = \lim_{T\to\infty} \frac{1}{T} \int_{-T/2}^{+T/2} \left(s(t) + n(t)\right) y(t-\tau)\, dt$$

$$= \lim_{T\to\infty} \frac{1}{T} \left(\int_{-T/2}^{+T/2} s(t)\, y(t-\tau)\, dt + \int_{-T/2}^{+T/2} n(t)\, y(t-\tau)\, dt\right)$$

Das zweite Integral ist die Kreuzkorrelationsfunktion $R_{ny}(\tau)$, die ja Null wird, da Impulsfolge y(t) und Rauschen n(t) unkorreliert sind. Man erhält also

$$R_{xy}(\tau) = \frac{1}{T_0} \int_{-T_0/2}^{+T_0/2} s(t)\, y(t-\tau)\, dt$$

wobei T durch T_0 ersetzt wurde. Denn Mittelung über T ist dasselbe wie Mittelung über eine Periode T_0, da s(t) und y(t) dieselbe Periode T_0 haben. Diese Vorgehensweise ist dem Abtastprinzip ähnlich, und es kann gezeigt werden, daß

$$R_{xy}(\tau) = \frac{1}{T_0}\, s(t)$$

für alle τ gilt. Das Ausgangssignal ist damit eine exakte Nachbildung des übertragenen Signals und man benötigt nur Information über die gesendete Frequenz, siehe Bild 3.10(c).

Die Detektion eines Signals erzielt man also, indem man einen Autokorrelator oder Kreuzkorrelator benutzt. Im nächsten Abschnitt wird gezeigt, daß Korrelationsdetektion im Zeitbereich vergleichbar mit der Verwendung eines Optimalfilters (matched filter) im Frequenzbereich ist. Weiterhin können

Korrelationstechniken auch bei nichtperiodischen Signalen zusammen mit weißem Rauschen, wie z. B. ein pseudozufallskodiertes Signal, eingesetzt werden. Korrelatoren enthalten üblicherweise Multiplizierer oder Phasendetektoren; eine mittelwertbildende Schaltung folgt.

3.9 Optimalfilter

Wenn analoge Signale gefiltert werden sollen, muß ein lineares Filter spezifiziert werden. An dessen Ausgang sind große Frequenzfehler unterdrückt, kleine Frequenzabweichungen werden jedoch voll durchgelassen. Filtert man jedoch digitale Signale, so kann am Filterausgang das Signal irgendwo zwischen 0 und 1 liegen. Es ergibt sich also die Notwendigkeit, auf der Basis der enpfangenen Kurvenform zu entscheiden, welcher der beiden Signalzustände vorliegt. Das Filter im Empfänger muß an die empfangene Kurvenform angepaßt werden, um damit ein maximales Signal-Rausch-Verhältnis zu erzielen. Solch ein Filter wird speziell so entworfen, daß es das Signal-Rausch-Verhältnis am Ausgang maximiert; man nennt es Optimalfilter (matched filter). Dies Filter ist optimal zur Detektion von Signalen geeignet, die zusammen mit additivem weißen Rauschen empfangen werden, also Rauschen mit über einem weiten Frequenzbereich konstanter Leistungsdichte.

Im Anhang F wird gezeigt, daß die Übertragungsfunktion eines solchen Filters durch

$$H(\omega) = kS^*(\omega)\, e^{-j\omega t_d}$$

gegeben ist. Darin ist k ein beliebiger Verstärkungsfaktor, $S^*(\omega)$ ist konjugiert komplex zu $S(\omega)$, dem Spektrum des zu empfangenen Signals $s(t)$, und t_d ist die Verzögerungszeit des Filters.

Die Impulsantwort dieses Filters ist gegeben durch

$$h(t) = k\, s(t_d - t)$$

Darin ist $s(t)$ das Signal, an welches das Filter angepaßt ist. Die Zeitverzögerung t_d ist nötig, damit das Filter überhaupt realisierbar ist. Zu einer bestimmten Zeit $t = t_o$ hat das Optimalfilter ein maximales Ausgangssignal. Um zu entscheiden, ob am Ausgang nun eine 0 oder 1 vorliegt, wird im Optimalfall der Zeitpunkt $t = t_o$ vorgesehen. Die Höhe des Ausgangssignals hängt nur von der ursprünglichen Signalenergie ab, sie ist unabhängig von der Kurvenform. Die Implementierung eines Optimalfilters für Rechteckimpulse zeigt Bild 3.11.

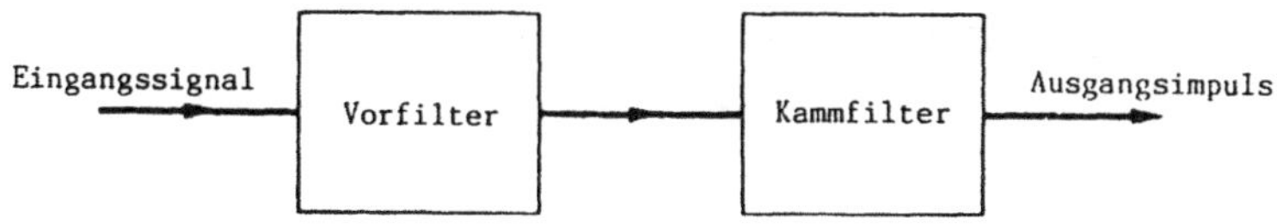

Bild 3.11 Optimalfilter für Rechteckimpulse

Es ist in vielen praktischen Fällen nicht immer möglich, ein passendes Optimalfilter vorzusehen, es könnte z. B. physikalisch garnicht realisierbar sein. Dann werden einfachere Filter benutzt, wobei ein Verlust im Signal-Rausch-Verhältnis eintritt. Die Tabelle 3.1 listet einige typische Beispiele auf. Man sieht, daß dieser Verlust höchstens 1 bis 2 dB ausmacht.

Tabelle 3.1

Signal	Filter	Verlust (dB)
Rechteckimpuls	Rechteck	1,7
Rechteckimpuls	Gauß	0,98
Gaußimpuls	Rechteck	0,98
Gaußimpuls	Gauß	0

Im Anhang F wird auch gezeigt, daß das Optimalfilter mathematisch einem Korrelationsdetektor äquivalent ist. In praktischen Systemen könnte daher ein Optimalfilter durch einen Korrelationsdetektor ersetzt werden. Im Korrelationsempfänger, Bild 3.12(a), ist die gesendete Kurvenform gespeichert; sie wird mit dem empfangenen Signal plus Rauschen korreliert (multipliziert). Nach Integration über das Zeitintervall t_0 entscheidet der Detektor, ob eine 0 oder 1 empfangen wurde.

Eine einfache praktische Realisierung eines Optimalfilters für Rechtecksignale ist der in Bild 3.12(b) gezeigte Integrator mit Entladeschalter (integrate and dump). Wird der Rechteckimpuls am Eingang mit der Impulsantwort des Optimalfilters gefaltet, ergibt sich eine Dreieckskurvenform am Ausgang. Den linearen Spannungsanstieg erhält man auch, wenn das Rechteckeingangssignal das RC-Glied mit RC $\gg t_0$ passiert. Bei $t = t_0$ wird der Ausgang abgetastet und unmittelbar darauf kurgeschlossen, um das Filter wieder in den Anfangszustand zu bringen.

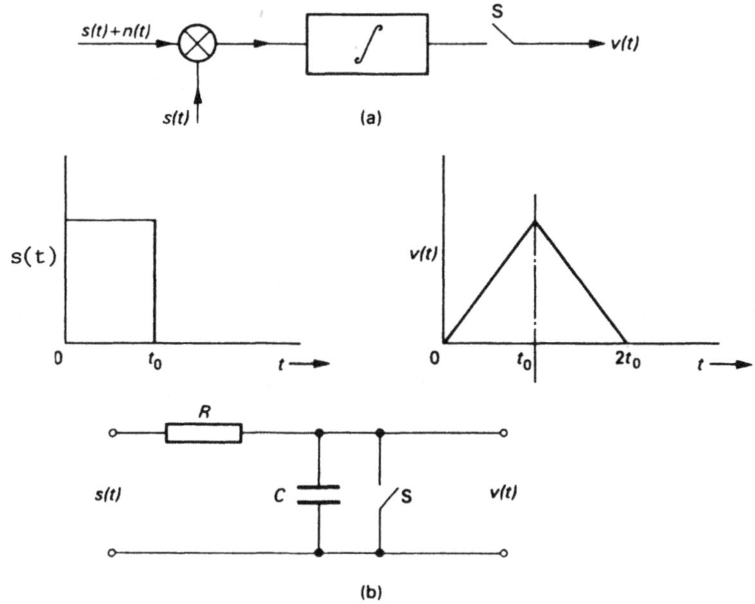

Bild 3.12 (a) Korrelationsdetektor, (b) Ein- und Ausgangsspannung des Optimalfilters für Rechtecksignale sowie "integrate and dump"-Filter

Vorentzerrung (pre-whitening-Filter)

Wird das zu empfangene Signal von nicht weißem, also farbigem Rauschen begleitet, so ist optimale Detektion mittels matched filter dann möglich, wenn ein Filter vorgeschaltet wird, welches den Frequenzgang des farbigen Rauschens aufhebt (das pre-whitening-Filter). Dieses wandelt nicht nur das farbige in weißes Rauschen, es beeinflußt auch das Eingangsnutzsignal. Das nun modifizierte Signal wird zusammen mit weißem Rauschen dem Optimaldetektor zugeleitet. Die Modifikation des Eingangssignals führt bei Digitalsignalen zu Intersymbolinterferenz, die aber minimalisiert wird, wenn die Bandbreite des pre-whitening-Filters groß gegen 1/T ist, wobei T die Zeitdauer des Digitalsignals darstellt.

3.10 Entscheidungstheorie (4)

Ein bedeutendes Problem beim Entwurf eines optimalen Empfängers ist die Entdeckung des empfangenen Nutzsignals im Rauschen. Dabei kann es darum gehen, ob ein bestimmtes vorgegebenes Signal im Rauschen vorhanden ist oder nicht oder, wie in der digitalen Datenübermittlung, ob eine Null oder Eins gesendet wurde. In jedem dieser Fälle muß der Empfänger an Hand gewisser Kriterien die bestmögliche Entscheidung treffen. Die statistische Natur dieses Entscheidungsprozesses schließt das Testen von Hypothesen ein; man nennt dies Entscheidungs- oder Entdeckungstheorie.

Empfänger, die so entworfen sind, daß sie die mittleren Kosten für das Treffen einer Entscheidung minimisieren, benutzen als Grundlage die Bayes'sche Entscheidungsregel. Sind genügend Wissen über Kosten und a priori Wahrscheinlichkeiten vorhanden, kann der Entscheidungsprozeß bezüglich eines Kostenkriteriums optimiert werden.

Im Anhang G wird gezeigt, daß solche Entscheidungsprozesse, die auf der Minimisierung der erwarteten Kosten beruhen, das Testen eines Wahrscheinlichkeitsverhältnisses einschließen. Letzteres ist das Verhältnis der a posteriori Beobachtungswahrscheinlichkeiten und eines Schwellwertes, der von den a priori Wahrscheinlichkeiten und Kosten abhängt. Das Wahrscheinlichkeits verhältnis (likelihood ratio) ist gegeben durch

$$L(y(t)) \underset{H_1}{\overset{H_2}{\gtrless}} \frac{P_1(C_{21} - C_{11})}{P_2(C_{12} - C_{22})}$$

Die rechte Seite ist der Schwellwert L_t, P_1 und P_2 sind die zu den jeweiligen Hypothesen H_1 und H_2 gehörenden a priori Wahrscheinlichkeiten und die Koeffizienten C_{11}, C_{12}, C_{21} und C_{22} sind bedingte K sten für das Treffen einer Entscheidung.

Das Bayes'sche Kriterium wird also charakterisiert durch die mittleren Kosten (oder das Risiko), welche mit der Entscheidungsfindung verbunden sind. Oft ist es einfacher, das Risoko durch die Wahrscheinlichkeit der richtigen Detektion oder auch Entdeckungswahrscheinlichkeit P_D und die Fehlerwahrscheinlichkeit P_F auszudrücken, sofern Aussagen über die a priori Wahrscheinlichkeiten und Kosten verfügbar sind.

Sind diese nicht verfügbar, so ist eine brauchbare Entscheidungsstrategie das Neyman-Pearson Kriterium. Dieses maximiert P_D, wobei P_F auf einen bestimmten akzeptablen Wert festgehalten wird. Im Anhang G wird gezeigt, daß folgendes gilt:

$$L(y(t)) = \frac{dP_D}{dP_F}$$

wobei dP_D/dP_F die Steigung der Betriebskennlinie im gewählten Arbeitspunkt darstellt.

3.11 Schätztheorie (16)

Zuvor ist gezeigt worden, daß man die Entscheidungstheorie zur Entdeckung eines Signals verwendet. Die Schätztheorie kann eingesetzt werden, um eine Schätzung für unbekannte Signalparameter wie Frequenz oder Phasenlage zu machen. Da das Signal im allgemeinen mit additivem Rauschen empfangen wird, ist nur eine Schätzung der Signalparameter möglich. Zwei gebräuchliche Algorithmen dazu sind die Bayes-Schätzung, mit der eine Kostenfunktion minimisiert werden soll und die Maximum-Likelihood-Schätzung, bei der eine Wahrscheinlichkeitsverteilung maximiert wird. Da bei letzterer keine a priori Informationen vorliegen müssen, wird sie öfter angewendet und im Folgenden beschrieben.

Maximum-Likelihood-Schätzung

Das empfangene Signal ist eine Zeitfunktion, die additives Rauschen enthält. Man kann schreiben

$$z(t) = s(t,\theta) + n(t)$$

wobei $s(t,\theta)$ das gesendete Signal mit dem unbekannten Parameter θ, der geschätzt werden soll, ist; von $n(t)$ wird angenommen, daß es Gaußsches weißes Rauschen darstellt. Beobachtet man das Signal kontinuierlich oder auch diskret (durch Abtastung), so kann man eine Schätzung $\hat{\theta}$ für den gesuchten Parameter θ machen.

Im Anhang H wird dargestellt, daß für das abgetastete Signal die folgende Wahrscheinlichkeitsverteilung für $z(t)$ gilt

$$p(z|\theta) = A \exp\{ - \frac{1}{N_0} \int_0^T (z(t) - s(t,\theta))^2 \, dt\}$$

A ist darin eine unbekannte Konstante. Um nun das Maximum der Wahrscheinlichkeitsfunktion zu bestimmen, wird sinnvollerweise $\ln p(z|\theta)$ nach θ differenziert und Null gesetzt. Dies ergibt

$$\frac{\partial}{\partial\theta} (\ln p(z|\theta)) = \frac{2A}{N_0} \int_0^T (z(t) - s(t,\theta)) \frac{\partial s(t,\theta)}{\partial\theta} \, dt$$

Die Maximum-Likelihood-Schätzung von θ ist also Lösung der Gleichung

$$\int_0^T (z(t) - s(t,\hat{\theta})) \frac{\partial s(t,\hat{\theta})}{\partial \theta} dt = 0$$

wobei θ durch den Schätzwert $\hat{\theta}$ ersetzt wurde.

Der Schätzwert $\hat{\theta}$ hängt vom empfangenen Signal und der Anzahl der Beobachtungen bzw. der Abtastwerte ab. Sie kann also wie eine Zufallsvariable variieren und durch Mittelwert und Varianz charakterisiert werden. Die Varianz der Schätzung kann unter gewissen Bedingungen nicht kleiner als eine Untergrenze, die Cramér-Rao-Grenze sein.

Im Anhang H wird gezeigt, daß, falls der Erwartungswert von $\hat{\theta}$, also $E(\hat{\theta}|\theta)$ gleich dem tatsächlichen Parameterwert θ ist, die Varianz von $\hat{\theta}$ durch

$$\sigma_{\hat{\theta}}^2 \geq \frac{1}{E(\{\frac{\partial \ln p(z|\theta)}{\partial \theta}\}^2)}$$

gegeben ist.

Beispiel 3.10

Ein Signal mit vorgegebener Amplitude und Frequenz hat die Form $s(t) = A \sin (w_0 t + \phi)$ für das Zeitintervall $0 \leq t \leq T$. Geben Sie einen Schätzwert für die Phase ϕ an.

Lösung

Es gilt

$$s(t,\theta) = A \sin (\omega_o t + \phi)$$

und $$\frac{\partial s(t,\theta)}{\partial \theta} = A \cos (\omega_o t + \phi)$$

Die Phasenschätzung $\hat{\phi}$ ist Lösung der Gleichung

$$\int_0^T (z(t) - A \sin (\omega_o t + \hat{\phi})) A \cos (\omega_o t + \hat{\phi}) dt = 0$$

oder $$\int_0^T z(t) \cos (\omega_o + \hat{\phi}) dt = \int_0^T \frac{A}{2} \sin 2 (\omega_o t + \hat{\phi}) dt$$

Das Integral der rechten Gleichungsseite ist Null für $\omega_o T = n\pi$, n ganz, oder $\omega_o T >> 1$. Dann ist $\hat{\phi}$ Lösung der Gleichung

$$\int_0^T z(t) \cos(\omega_o t + \hat{\phi})\, dt = 0$$

$\hat{\phi}$ kann durch die PLL in Bild 3.13(a) ermittelt werden. Ist die PLL eingerastet, sind Phasenwinkel $\hat{\phi}$ des VCO und der von z(t) praktisch gleich, also $\hat{\phi} \approx \phi$.

Alternativ läßt sich auch der cos-Term entwickeln. Nach Umstellung erhält man dann

$$\sin \hat{\phi} \int_0^T z(t) \sin \omega_o t\, dt = \cos \hat{\phi} \int_0^T z(t) \cos \omega_o t\, dt$$

oder $$\hat{\phi} = \text{arc tan} \left(\frac{\int_0^T z(t) \cos \omega_o t\, dt}{\int_0^T z(t) \sin \omega_o t\, dt} \right)$$

$\hat{\phi}$ kann unter Verwendung zweier Multiplizierer und angepaßter Filter wie in Bild 3.13(b) bestimmt werden.

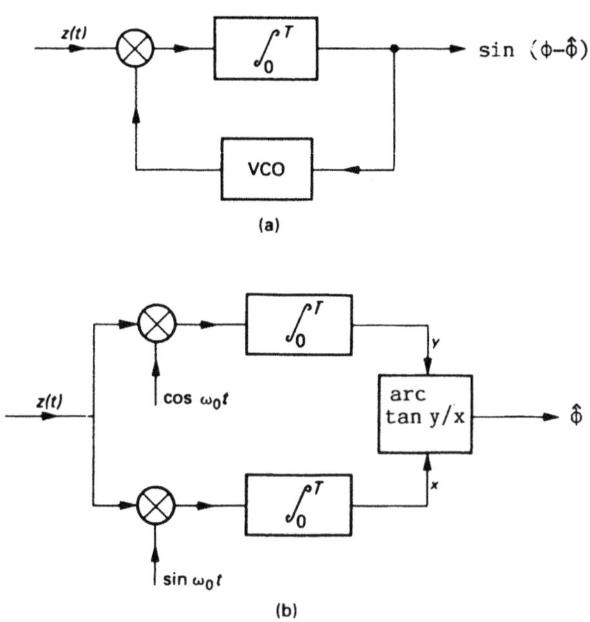

Bild 3.13 Blockschaltungen zur Schätzung der Phase

4 Elektronisches Rauschen

Die zwei wichtigsten Rauscharten, die mit elektronischen Komponenten wie Röhren, Transistoren und Widerständen verknüpft sind, sind thermisches Rauschen und Schrot-Rauschen. Die physikalischen Grundlagen beider werden betrachtet, und es läßt sich, da beide zur Rauschleistung in einem System beisteuern, ein kombinierter Rauscheffekt herleiten.

4.1 Thermisches Rauschen

Ein metallischer Leiter oder Widerstand enthält eine Anzahl freier Elektronen. Durch die Wärmebewegung kommt es zu Kollisionen der freien Ladungsträger mit den Atomen, wobei ein ständiger Energieaustausch stattfindet. Dies erklärt auch die Widerstandseigenschaften des Leiters. Da im offenen Stromkreis kein Strom fließt, verursacht die zufällige Bewegung der Elektronen im Leiter Spannungsschwankungen längs des Leiters, die an seinen Anschlüssen zu einer Rauschspannung mit quadratischem Mittelwert $\overline{v_n^2}$ führen.

Das Wärmerauschen wurde zuerst von Johnson (17) experimentell und von Nyquist (18) theoretisch untersucht. Die Experimente zeigten, daß die Rauschspannung von der Temperatur abhängt und das der quadratische Mittelwert der Rauschspannung durch

$$\overline{v_t^2} = 4kTBR$$

gegeben ist. Darin sind k die Boltzmannkonstante, T die absolute Temperatur, B die Systembandbreite und R der Widerstand des Leiters. Beispielsweise ergibt sich bei $R = 1k\Omega$, $B = 5MHz$, $T = 290$ K und mit $k = 1{,}38 \cdot 10^{-23}$ J/K für $\overline{v_t^2} = 80 \cdot 10^{-12}$ bzw für den Effektivwert der Rauschspannung $v = (\overline{v_t^2})^{1/2} \approx$ 9 µV.

Nyquists Untersuchungen, die auf thermodynamischen Überlegungen basierten, führten zum gleichen Ergebnis. Er zeigte, daß die thermische Rauschleistung P_n, die ein beliebiger Widerstand abgeben kann, gegeben ist durch

$$P_n = kTB \quad \text{Watt}$$

Die Ableitung in Anhang I bezieht sich auf die verfügbare Rauschleistung, die bekanntlich bei Leistungsanpassung abgegeben wird. Anpassung ist der übliche Betriebszustand in den meisten Kommunikationskanälen, da man ja maximale Signalleistung mit dem System übertragen möchte. In der Praxis werden jedoch Rauschspannung, Rauschleistung oder Leistungsdichtespektrum völlig gleichwertig bei der Behandlung von Rauschproblemen verwendet. Das Dichtespektrum der Rauschspannung $S_v(f)$ ist (siehe Anhang C)

$$S_v(f) = 2kTR$$

Diese Größe hängt von T und R ab, ist jedoch unabhängig von der Frequenz, zumindest bis hin zu 10^{13}Hz. Man sieht also, daß thermisches Rauschen ein breites Frequenzband mit konstanter Amplitude überdeckt. Man bezeichnet dies als weißes Rauschen wegen der Analogie zum weißen Licht, welches eine gleichmäßige Leistungsverteilung über das optische Frequenzband hat.

Rauschersatzschaltung

In der Praxis wird das thermische Rauschen eines Widerstandes ersatzweise durch eine thermische Rauschspannungsquelle mit $\overline{v_t^2}$ in Serie mit dem dann rauschfreien Widerstand R dargestellt (Satz von Thévenin). Alternativ kann auch eine Stromquelle mit Parallelleitwert angesetzt werden (Satz von Norton), siehe Bild 4.1

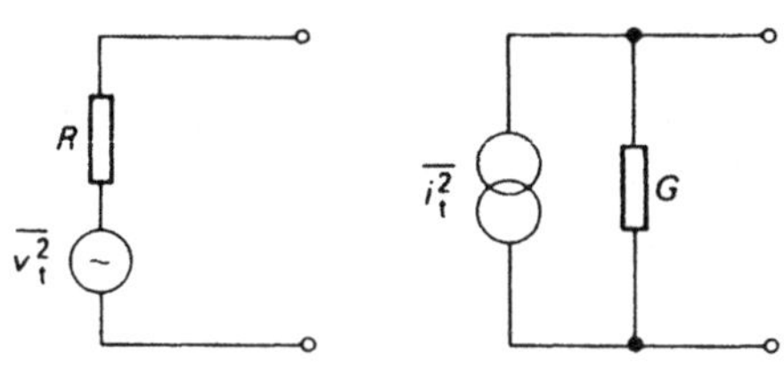

Bild 4.1 Ersatzspannungs- und Ersatzstromquelle

Im Falle der Leistungsanpassung ist die (rauschfreie) Last ebenfalls R. Man kann nun die maximale oder verfügbare Rauschleistung wie folgt angeben. In Bild 4.2 ist der fließende Strom $i = \sqrt{\overline{v_t^2}}/(2R)$

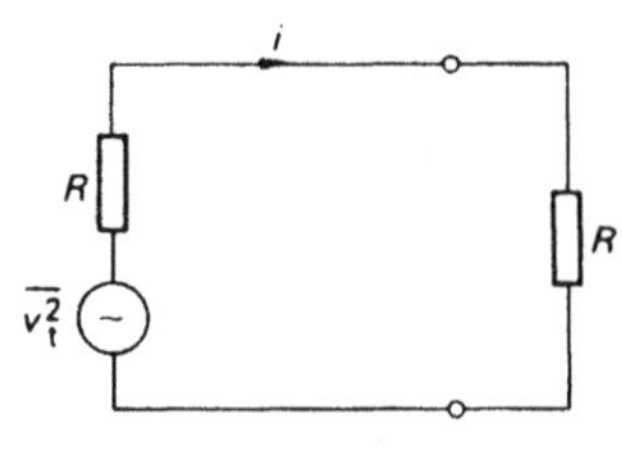

Bild 4.2 Schaltung mit Leistungsanpassung

und die maximale an die Last abgegebene Leistung

$$P_{max} = i^2R = \overline{v_t^2}/(4R^2) \cdot R = \overline{v_t^2}/(4R)$$

Mit der Nyquistbeziehung $P_{max} = P_n = kTB$ folgt

$$\overline{v_t^2}/(4R) = kTB$$

bzw $$\overline{v_t^2} = 4kTBR$$

Dies ist das von Johnson experimentell nachgewiesene Ergebnis. Für den Strom erhält man analog

$$\overline{i_t^2} = G^2\overline{v_t^2} = 4kTBG$$

Anmerkung

Beim Entwurf von HF-Verstärkern sollte der Eingangswiderstand R_g niedrig, etwa um 50Ω sein, da der in der Eingangsstufe produzierte Rauschanteil durch die folgenden Stufen verstärkt wird. Bei 50 Ω sind außerdem Anpassung und Durchsatz der maximalen Signalleistung gewährleistet.

Beispiel 4.1

Zwei Widerstände R_1 und R_2 sind (a) in Serie und (b) parallel geschaltet. Bestimmen Sie den Effektivwert der Rauschspannung an den Klemmen, wenn die Widerstände die Temperatur T_1 bzw. T_2 haben.

Lösung

(a) Serienschaltung

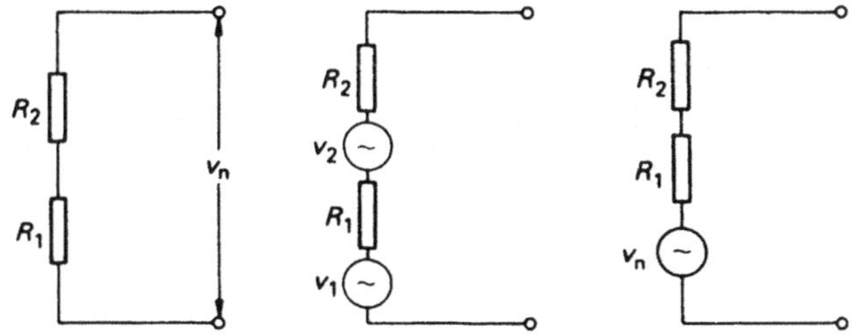

Bild 4.3 Rauschende Serienwiderstände und Ersatzschaltung

Ist der Effektivwert der Rauschspannung an den Klemmen v_n, gilt

$$v_n^2 = v_1^2 + v_2^2$$

mit $$v_1^2 = 4kBT_1R_1$$

und $$v_2^2 = 4kBT_2R_2$$

also $$v_n^2 = 4kBT_1R_1 + 4kBT_2R_2$$

oder $$v_n = \sqrt{4kB(R_1T_1 + R_2T_2)}$$

Für gleiche Temperaturen $T_1 = T_2 = T$, dieser Fall liegt in der Praxis meist vor, gilt

$$v_n = \sqrt{4kTB(R_1 + R_2)}$$

Beide Widerstände verhalten sich also wie ein einziger rauschender Widerstand mit dem Wert $R_1 + R_2$.

(b) Parallelschaltung

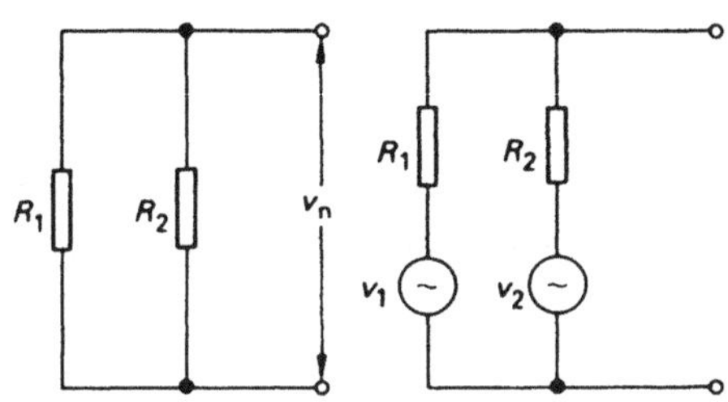

Bild 4.4 Rauschende Parallelwiderstände und Ersatzschaltung

Die Rauschspannung an den Ausgangsklemmen verursacht nur durch v_1 ist $v_{01} = v_1 R_2/(R_1 + R_2)$ und die Spannung verursacht nur durch v_2 ist $v_{02} = v_2 R_1/(R_1 + R_2)$. Da beides Effektivwerte sind, bestimmt sich die Gesamtspannung zu

$$v_n = \sqrt{v_{01}^2 + v_{02}^2}$$

Mit $v_1^2 = 4kBT_1R_1$ und $v_2^2 = 4kBT_2R_2$ wird

$$v_{01}^2 = \frac{4kBT_1R_1R_2^2}{(R_1 + R_2)^2}$$

und $$v_{02}^2 = \frac{4kBT_2R_1^2R_2}{(R_1 + R_2)^2}$$

also $$v_n^2 = \frac{4kBR_1R_2\ (T_1R_2 + T_2R_1)}{(R_1 + R_2)^2}$$

oder $$v_n = \sqrt{\frac{4kBR_1R_2}{(R_1 + R_2)^2}\ (T_1R_2 + T_2R_1)}$$

Für den in der Praxis üblichen Fall mit $T_1 = T_2 = T$ gilt damit

$$v_n = \sqrt{\frac{4kBR_1R_2T}{(R_1 + R_2)^2}\ (R_1 + R_2)}$$

$$v_n = \sqrt{\frac{4kTBR_1R_2}{(R_1 + R_2)}}$$

Beide Widerstände verhalten sich wie ein einziger mit dem Wert $R_1R_2/(R_1 + R_2)$.

4.2 Schrotrauschen (shot noise) (19)

Stromfluß in einer Vakuum-Röhrendiode ist auf Grund der Elektronenemission der Kathode möglich. Die Elektronen wandern bei entsprechend angelegter Spannung zur Anode. Jedes Elektron transportiert eine diskrete Ladung zur Anode und produziert damit einen kleinen Stromimpuls. Die Summe aller Stromimpulse stellt den mittleren Anodenstrom I_a in der Diode dar.

Die Elektronenemission ist ein Zufallsprozeß, der von der Oberflächenbeschaffenheit der Kathode, der Form der Elektroden und der Spannung zwischen ihnen abhängt. Man muß also mit zufälligen Änderungen der Anzahl der emittierten Elektronen rechnen. Der Diodenstrom enthält damit eine zeitlich variierende Komponente, den Schrotrauschstrom mit dem quadratischen Mittelwert $\overline{i_s^2}$. Für die Sättigungsdiode kann das Rauschen einfach berechnet werden. Der Augenblickswert des Stroms ist

$$i(t) = I_a + i_s(t)$$

worin I_a der mittlere Anodenstrom und $i_s(t)$ der Schrotrauschanteil ist, siehe Bild 4.5.

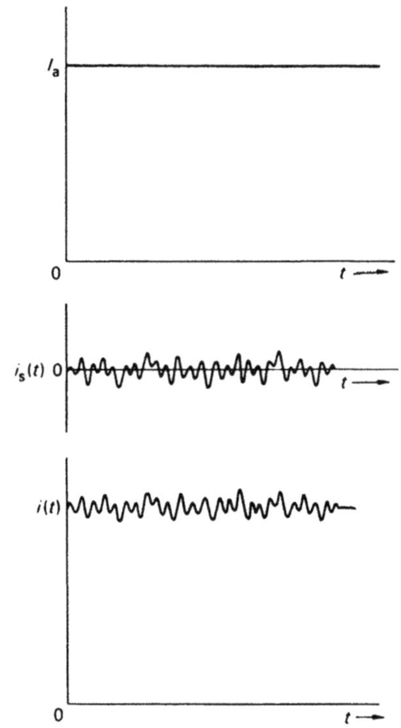

Bild 4.5 Rauschstrom einer Röhrendiode

Mit statistischen Überlegungen läßt sich zeigen, daß die Elektronenemission entsprechend einer Poissonverteilung verläuft. Daraus kann man einen Ausdruck für den quadratischen Mittelwert des Schrotrauschstroms $\overline{i_s^2}$ ableiten. In Anhang J wird ein anderer und einfacherer Beweis über das Konzept des Energiedichtespektrums geführt.

Mit I_a als mittlerem Diodenstrom, der effektiven Systembandbreite B und der Elektronenladung e kann der Effektivwert des Schrotrauschstroms I_s in einer Sättigungsdiode wie folgt ausgedrückt werden

$$I_s = \sqrt{2eI_aB}$$

Die Ersatzschaltung zeigt Bild 4.6, dabei ist der Anodenwiderstand r_a groß gegenüber R_L.

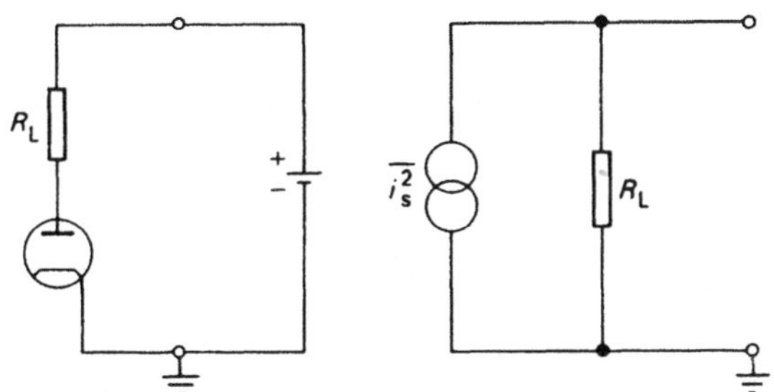

Bild 4.6 Diode und Rauschersatzschaltung

Betrachtet man Dioden oder Trioden, die unter Raumladungsbedingung arbeiten, findet man einen durch die Raumladung verursachten Glättungseffekt. Die zufallsbedingten Fluktuationen und damit der Schrotrauschstrom I_s sind kleiner. Dem trägt man mit einem Faktor k mit $0 < k < 1$ Rechnung:

$$I_s^2 = 2k^2 e I_a B$$

Die Triodensatzschaltung in Bild 4.7 berücksichtigt den endlichen Ausgangswiderstand r_a.

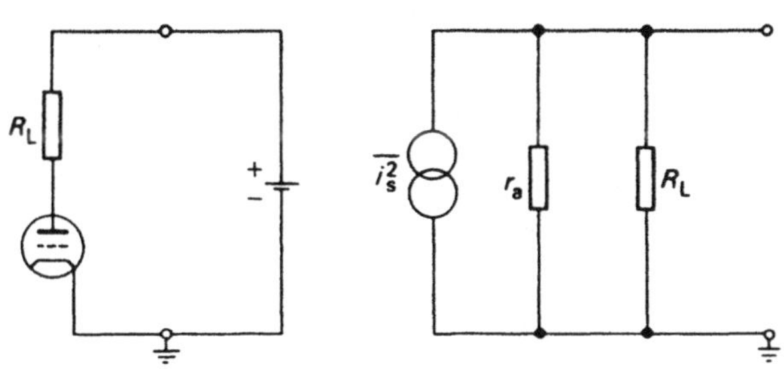

Bild 4.7 Triode und Rauschersatzschaltung

Äquivalenter Rauschwiderstand

Das Schrotrauschen trägt neben dem thermischen Rauschen zum Gesamtrauschen in der elektrischen Schaltung bei. Es ist nun möglich, das Schrotrauschen als äquivalentes thermisches Rauschen aufzufassen und es einem äquivalenten rauschenden Widerstand $R_{äq}$ zuzuordnen. Dieser hypothetische Widerstand $R_{äq}$ wird in Serie zum Gitter der dann rauschfreien Triode geschaltet, siehe Bild 4.8. Eine Abschätzung für seinen Wert ist

$$R_{äq} \simeq 2{,}5/g_m$$

wobei g_m die Steilheit der Triode ist. Die Ersatzschaltung zeigt Bild 4.8.

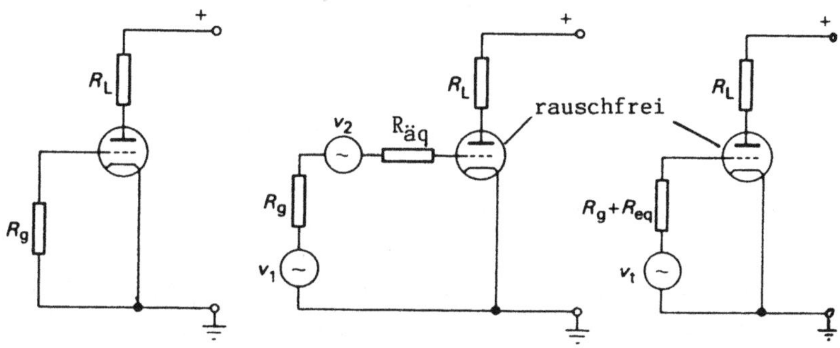

Bild 4.8 Triodenschaltung und äquivalenter Rauschwiderstand

Der Effektivwert der äquivalenten thermischen Rauschspannung v_t aus Bild 4.8 berechnet sich zu

$$v_t = \sqrt{v_1^2 + v_2^2}$$

mit $$v_1^2 = 4kTBR_g$$

und $$v_2^2 = 4kTBR_{äq}$$

also $$v_t = \sqrt{4kTB\,(R_g + R_{äq})}$$

Beispiel 4.2

Geben Sie zwei Rauschquellen an, die im Zusammenhang mit Verstärkerschaltungen auftreten und erklären Sie die Ursachen.

Der Eingangswiderstand eines Verstärkers mit hoher Verstärkung entspreche im Betriebsfrequenzbereich einem 4 kΩ Widerstand. Der Signalgenerator ist über einen Transformator, der für Leistungsanpassung sorgt, angekoppelt. Die Rauschleistung am Ausgang des Verstärkers läßt sich messen, wenn die Eingangssignalleistung zu Null gemacht wird. Bestimmen Sie den äquivalenten Rauschwiderstand am Gitter der ersten Röhre, wenn die Ausgangsrauschleistung bei Kurzschließen der Sekumdärseite des Transformators um 4 dB abfällt. Bestimmen Sie außerdem die Rauschzahl der Anordnung unter normalen Betriebsbedingungen (d. h. der Kurzschluß am Transformator ist entfernt).

Lösung

Nimmt man die Generatorimpedanz mit 1 kΩ an, so muß der Anpassungstransformator ein Windungsverhältnis 1:2 haben. In Bild 4.9 sind Schaltung und Ersatzschaltung (bezogen auf die Sekundärseite des Trafos) gezeigt.

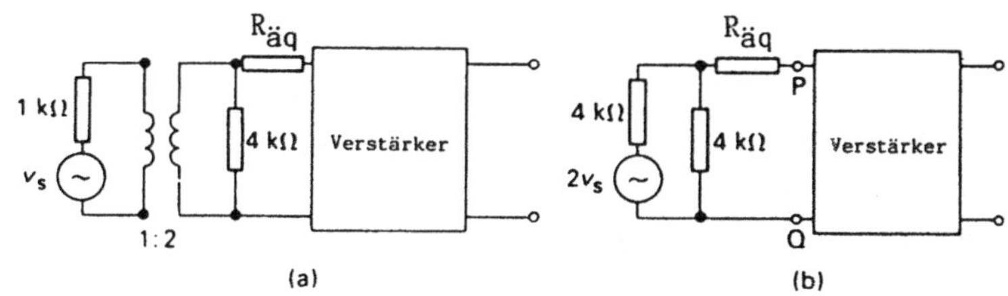

Bild 4.9 Schaltung und Ersatzschaltung zu Beispiel 4.2

Der gesuchte äquivalente Rauschwiderstand des Verstärkers ist $R_{äq}$. P_1 sei die Ausgangsrauschleistung bei korrektem Transformatorabschluß und P_2 diejenige bei Transformatorkurzschluß. Dann gilt

$$10 \log \frac{P_1}{P_2} = 4$$

$$P_1/P_2 = 2{,}5$$

Nun ist P_1 proportional zu v_1^2 und P_2 proportional zu v_2^2 mit

$$v_1^2 = 4kTB \left(\frac{4000}{2} + R_{äq}\right)$$

und $$v_2^2 = 4kTBR_{äq}$$

Dies in das Verhältnis P_1/P_2 eingesetzt und nach $R_{äq}$ aufgelöst ergibt

$$\frac{4kTB\ (2000 + R_{äq})}{4kTBR_{äq}} = 2{,}5$$

$$2{,}5R_{äq} = 2000 + R_{äq}$$

$$R_{äq} = \frac{2000}{1{,}5} = 1{,}33\ k\Omega$$

Die Rauschzahl des Verstärkers wird in Abschnitt 5.1 definiert zu

$$F = \frac{S_i/N_i}{S_o/N_o}$$

S_i/N_i ist das Signal-Rauschverhältnis am Eingang und S_o/N_o am Ausgang bzw., da das Verstärkerrauschen durch $R_{äq}$ repräsentiert wird, auch an den Klemmen P und Q. Die Rauschzahl wird also

$$F = \frac{(2v_s)^2}{4000kTB} \Big/ \frac{(v_s)^2}{(2000 + 1330)kTB}$$

$$= \frac{4}{4000} \times 3330$$

$$F = 3{,}33 \quad \text{oder} \quad 5{,}2\text{dB}$$

4.3 Stromverteilungsrauschen

In Mehrgitterröhren, wie Tetroden oder Pentoden, ist die Aufteilung des Stroms auf die verschiedenen Elektroden, die positives Potential führen, ebenfalls ein Zufallsprozeß. Man hat also einen weiteren Rauscheffekt zu berücksichtigen, der grundsätzlich dem Schrotrauschen ähnelt. Dieser als Stromverteilungsrauschen bekannte Effekt kann mit den gleichen statistischen Methoden berechnet werden wie das Schrotrauschen.

Man kann diesen Effekt berücksichtigen, indem man den für die Triode gefundenen äquivalenten Rauschwiderstand $R_{äq}$ entsprechend erhöht. Eine Abschätzung des Wertes von $R_{äq}$ für Pentoden ist gegeben durch

$$R_{äq} = \frac{I_a}{(I_a + I_s)} \left(\frac{2{,}5}{g_m} + \frac{20 I_s}{g_m^2}\right)$$

I_a ist darin der Anodenstrom, I_s der Gitterstrom und g_m die Steilheit der Röhre. Der Zahlenwert für $R_{äq}$ liegt typischerweise zwischen 1 kΩ und 10 kΩ.

Aufgrund des Stromverteilungsrauschens rauschen also Mehrgitterröhren stärker als Trioden und sollten infolgedessen in rauscharmen Verstärkern, wie sie in Empfängern für Signale aus dem Weltraum benötigt werden, zumindest in den ersten Stufen nicht eingesetzt werden. Das in den ersten Stufen zusätzlich erzeugte Rauschen wird ja von allen folgenden Stufen mit verstärkt und hat daher den stärksten Einfluß auf die Ausgangsrauschleistung. Bei als Mischern eingesetzten Mehrgitterröhren ist die Misch- oder Konversionssteilheit g_c statt g_m bei der Bestimmung von $R_{äq}$ einzusetzen. Da g_c viel kleiner als g_m ist, sind Werte für $R_{äq}$ um 100 kΩ möglich, so daß solche Mischstufen stark rauschbehaftet sind.

4.4 Bipolartransistorrauschen (20,21)

Rauschen in Flächentransistoren zeigt eine gewisse Ähnlichkeit mit dem in Röhren. Man findet die drei von den Röhren bekannten Rauscharten, nämlich thermisches Rauschen, Schrot- und Stromverteilungsrauschen ebenso im Transistor. Zufällige Fluktuationen in der Bewegung der Ladungsträger (Elektronen und Löcher) verursachen Schwankungen in den verschiedenen Transistorströmen. Ihre exakte Natur und ihre Bestimmung ist jedoch komplizierter und noch nicht vollständig bekannt.

Man findet, daß das thermische Rauschen der Bipolartrasistoren hauptsächlich der Basisregion zugeordnet werden kann. Der Effektivwert der Rauschspannung ist gegeben durch

$$V_b = \sqrt{4kTBr_b}$$

wobei T die absolute Temperatur, r_b der Basisbahnwiderstand und B die effektive Bandbreite ist.

Ebenso wird Schrotrauschen in der Basiszone produziert und zwar auf Grund von Zufallsfluktuationen des Minoritätsladungsträgerstromes durch die Emitter-Basis-Sperrschicht. Dies wiederum verursacht auch Fluktuationen im Emitterstrom; der Effektivwert ist

$$I_s = \sqrt{2eI_eB}$$

mit der Elektronenladung e, dem Emittergleichstrom I_e und der effektiven Bandbreite B.

Außerdem kann es in der Basiszone noch zu Ladungsträgerrekombinationen kommen, was weiteres Schrotrauschen (analog zum Stromverteilungsrauschen) verursacht. Dies wird als Fluktuation im Kollektorstrom sichtbar. Der Effektivwert dieser Schrotrauschkomponente ist geben durch

$$I_s = [2eI_c\ (1 - |\alpha|^2/\alpha_o)\ B]^{1/2}$$

Die Größen B und e sind weiter oben erläutert, I_o ist der Kollektorgleichstrom, α_o der Gleichstromverstärkungsfaktor und α der Wechselstromverstärkungsfaktor bei der Frequenz f.

Es ist üblich, die verschiedenen Rauscheffekte eines Transistors durch eine T-Ersatzschaltung mit drei Rauschgeneratoren darzustellen. In Bild 4.10 ist dies für die Basisschaltung dargestellt.

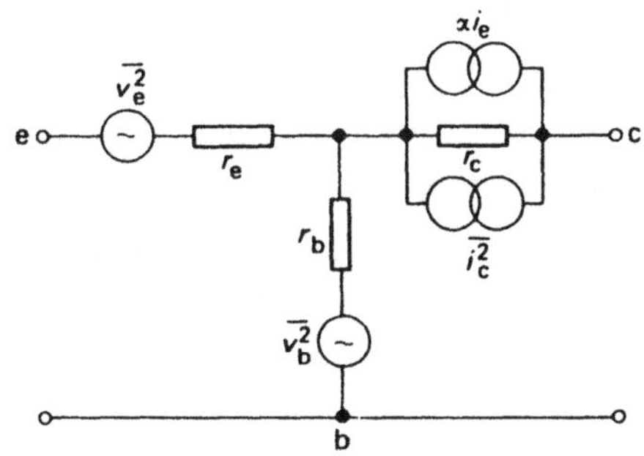

Bild 4.10 Rauschersatzschaltung für einen Transistor in Basisschaltung

In der Schaltung sind $\sqrt{\overline{v_b^2}}$, $\sqrt{\overline{v_e^2}}$ und $\sqrt{\overline{i_c^2}}$ Effektivwerte der thermischen, der Schrot- bzw. der Stromverteilungs-Rauschkomponente. Für die Praxis ist es zweckmäßig, das Transistorrauschen durch die Rauschzahl F darzustellen. Details dazu findet man im Anhang K.

4.5 FET-Rauschen (22,23)

Das Vorhandensein eines leitenden Kanals ruft sowohl bei JFET's als auch bei MOSFET's ein thermisches Rauschen hervor, das durch einen äquivalenten Rauschwiderstand R_n repräsentiert werden kann. Eine Abschätzung für seinen Wert liefert $R_n \approx 0{,}65/g_m$ für JFET's, g_m ist die Steilheit bei niedrigen Frequenzen. Bei MOSFET's ist sein Wert etwas höher und hängt von der Dotierung des Substrats und der Dicke der Oxidschicht unter dem Gate ab.

Bei höheren Frequenznen ist wegen der kapazitiven Kopplung zwischen Kanal und Gate mit induziertem Gaterauschen zu rechnen, das zum Teil mit dem Kanalrauschen korreliert ist. Bei JFET's ist der quadratische Mittelwert des induzierten Gaterauschstroms durch

$$\overline{i_g^2} = 4kTB\, K_i \omega^2 C_{gs}^2 / g_m$$

gegeben, wobei der Faktor $K_i \approx 0{,}3$ und C_{gs} die Gate-Sorce Eingangskapazität ist. Ähnlich sind die Verhältnisse bei MOSFET's, der Faktor ist jedoch $K \approx 0{,}1$.

Diese beiden Effekte können zusammengefaßt werden, wenn die Rauschzahl F wie beim Bipolartransistor bestimmt wird. In Anhang K wird gezeigt, daß die minimale Rauschzahl F_{min} eines JFET's in Source- oder Gate-Schaltung ziemlich ähnlich ist und durch den Zusammenhang

$$F_{min} \simeq 1 + 2R_n g_g + 2\sqrt{R_n g_g + R_n^2 g_g^2}$$

gegeben ist. R_n ist der äquivalente Widerstand einer Rauschspannungsquelle und g_g der äquivalente Leitwert einer Rauschstromquelle.

Für MOSFET's läßt sich F_{min} wie folgt angeben

$$F_{min} \simeq 1 + 0{,}52\omega C/g_m$$

wobei C die Gate-Kanal Kapazität und g_m die Steilheit ist.

Anmerkungen

1. Bei niedrigen Frequenznen muß Funkelrauschen (flicker noise) oder 1/f - Rauschen berücksichtigt werden. Bei MOSFET's ist dieser Effekt stärker als bei JFET's.
2. Gate- und Drainschaltung haben die gleiche Rauschzahl wie die Source-Schaltung, wenn Rückkoppelungseffekte neutralisiert sind.

5 Rauschmessung

In vielen Kommunikationssystemen haben die empfangenen Signale geringe Leistungspegel und sind von Rauschen begleitet. Die notwendige Verstärkung hebt sowohl die Signalpegel als auch die Rauschpegel an. Da das Rauschen nicht eliminiert werden kann, wird üblicherweise das Signal-Rauschverhältnis an verschiedenen Punkten im System als Gütekriterium benutzt. Dieses Gütemaß erweist sich im Falle aktiver Netzwerke wie Verstärker oder Empfänger als nicht so brauchbar. Infolgedessen werden dafür andere Kriterien zur Messung der Systemgüte herangezogen.

5.1 Rauschzahl (24)

Die Rauschzahl oder der Rauschfaktor F ist ein bekanntes und vielfältig benutztes Maß. Allgemein ausgedrückt beschreibt F das Rauschverhalten eines Netzwerks wie z.B. eines Verstärkers oder Empfängers; dabei werden die Signal-Rauschverhältnisse an Ein- und Ausgang betrachtet, siehe Bild 5.1.

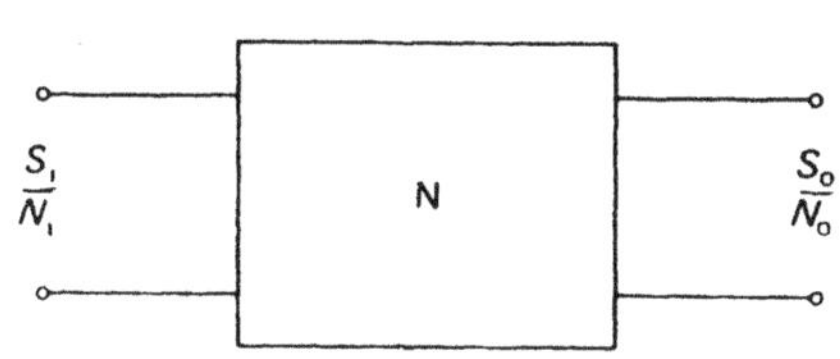

Bild 5.1 Netzwerk mit Signal-Rauschverhältnissen an Ein- und Ausgang

S_i/N_i und S_o/N_o sind die Verhältnisse Signalleistung zu Rauschleistung an Ein- bzw. Ausgang. Aus dem Vergleich dieser beiden Verhältnisse ergibt sich ein Maß für den Einfluß des Netzwerkes auf das übertragene Signal.

Um diese Rauschzahl F zu definieren, benutzt man jeweils die maximal verfügbare, oder kürzer ausgedrückt, die verfügbare Leistung, die eine Quelle bekanntlich bei Leistungsanpassung abgibt. In der Praxis beobachtet man, daß Quellen- und Eingangsimpedanz, jedoch nicht die Ausgangsimpedanz den Wert von F beeinflussen; deshalb ist es gebräuchlich die verfügbare Signalleistung und die verfügbare Rauschleistung an der Signalquelle bzw. am Eingang - sofern die Signalquelle direkt mit dem Netzwerkeingang verbunden ist - anzusetzen. Mit diesen Größen definiert man F als

$$F = \frac{S_i/N_i}{S_o/N_o}$$

wobei S_i und N_i, die verfügbare Signal- bzw. Rauschleistung am Eingang und S_o und N_o die aktuelle oder auch verfügbare Signal- bzw. Rauschleistung am Ausgang sind.

Diese Definition geht davon aus, daß am Eingang Leistungsanpassung besteht, während die Last am Ausgang angepaßt oder auch nichtangepaßt betrieben wird. Die Anpassungsbedingungen trifft jedoch in den meisten Kommunikationssystemen aus verschiedenen Gründen an Ein- und Ausgang zu. In einigen speziellen Fällen kann es aber auch zweckmäßig sein, nicht anzupassen, um für eine besondere Anwendung Optimalbedingungen zu erzielen.

Für eine Signalquelle mit der Signalspannung v_s und dem Quelleninnenwiderstand R_s ist die verfügbare Leistung $S_i = v_s^2/(4R_s)$. Für den Fall des Wärmerauschens ergibt sich eine Rauschspannung v_n über dem Widerstand R_s. Die verfügbare Rauschleistung ist dann

$$v_n^2/(4R_s) = 4kTB\ R_s/(4R_s) = kTB$$

entsprechend der Nyquistbeziehung. Für den Eingang gilt also

$$\frac{S_i}{N_i} = \frac{v_s^2}{4kTB\ R_s}$$

Entsprechend gilt für das aktuelle oder verfügbare Signal- Rauschverhältnis am Ausgang

$$\frac{S_o}{N_o} = \frac{v_s^2/(4kTB\ R_s)}{F} = \frac{v_s^2}{4kTBF\ R_s}$$

Da obige Rauschzahldefinition die Signal-Rauschverhältnisse an zwei verschiedenen Punkten im System ins Verhältnis setzt, ist es manchmal zweckmäßiger, einen anderen Ausdruck zu verwenden, der sich wie folgt ableiten läßt.

$$F = \frac{S_i/N_i}{S_o/N_o} = \frac{N_o}{S_o/S_i \cdot N_i}$$

Ist G die verfügbare Leistungsverstärkung des Netzwerks (Anpassung an Ein-

und Ausgang), so ist $G = S_o/S_i$. Außerdem gilt $N_i = kTB$. Damit erhält man

$$F = \frac{N_o}{GkTB}$$

N_o ist die aktuelle Rauschleistung am Ausgang des Netzwerks während GkTB die Ausgangsrauschleistung des idealen Netzwerks, welches kein zusätzliches Rauschen erzeugt, darstellt. Es läßt sich damit auch schreiben

$$F = \frac{N_o}{N_o'}$$

wobei $N_o' = GkTB$.

Anmerkungen

1. $F = 1$ gilt für ein ideales Netzwerk, da dann $N_o = N_o'$ ist.
2. Für T wird üblicherweise 290 K eingesetzt, so daß $kT = 4 \times 10^{-21}$ W.
3. F kann auch in dB ausgedrückt werden gemäß $F_{dB} = 10 \log F$.
4. Ein typischer Zahlenwert für einen Radarempfänger ist ca 10 und für einen rauscharmen Verstärker (Maser) ca. 1,1.

Beispiel 5.1

Diskutieren Sie die Rauschquellen in einem Verstärker und in welcher Weise sie die Betriebseigenschaften beeinträchtigen.

Eine Verstärkerstufe mit hoher Verstärkung ist für den Betrieb mit einer 75 Ω Signalquelle entworfen. Am Eingang vor der ersten Röhrenstufe befindet sich ein Aufwärtstransformator mit dem Übersetzungsverhältnis 1 : 4. Nehmen Sie einen äquivalenten Röhrenrauschwiderstand von 700 Ω an. Zeichnen Sie die Ersatzschaltung der Anordnung und bestimmen Sie die Signalquellenurspannung, die nötig wäre um bei deiner Bandbreite von 200 kHz ein Signal-Rauschverhältnis von 1 zu erzielen. Für kT soll $4{,}14 \cdot 10^{-21}$ W angenommen werden.

Lösung

Die hauptsächlichen Rauschursachen in Verstärkern sind in den Abschnitten 4.1 bis 4.3 zusammengestellt. Der Gesamteinfluß des Rauschens reduziert das Signal-Rauschverhältnis am Verstärkerausgang. Ist dies Verhältnis geringer als ein bestimmtes Minimum, so läßt sich das Signal nicht weiter verarbeiten.

Die Schaltung zur Aufgabenstellung zeigt Bild 5.2(a) mit e_s als Urspannung der Signalquelle und die Wechselstromersatzschaltung Bild 5.2(b). S_i/N_i ist das verfügbare Signal-Rauschverhältnis am Eingang und S_o/N_o am Ausgang wobei laut Aufgabenstellung $S_o/N_o = 1$ ist.

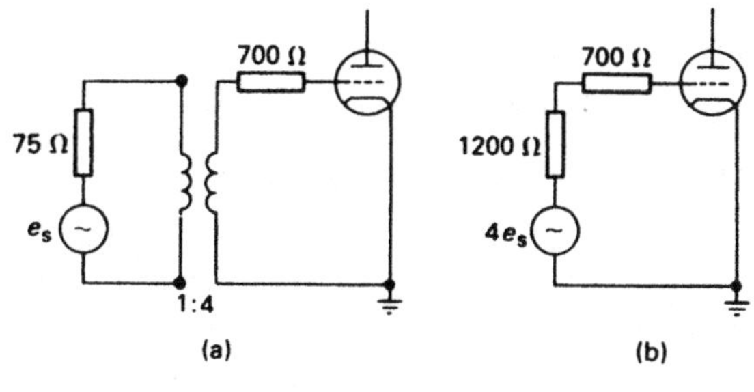

Bild 5.2 Schaltung und Ersatzschaltung zu Beispiel 5.1

Am Eingang gilt

$$S_i = \frac{(4e_s)^2}{4 \cdot 1200} = \frac{e_s^2}{300}$$

$$N_i = kTB = 4{,}14 \cdot 10^{-21} \cdot 200 \cdot 10^3$$

$$N_i = 8{,}28 \cdot 10^{-16}$$

Außerdem gilt $F = N_o/N_o'$, wobei N_o die Ausgangsrauschleistung des rauschenden, N_o' die des idealen nichtrauschenden Verstärkers ist. Man erhält also

$$F = \frac{1200 + 700}{1200} = 1{,}58$$

Anderseits gilt entsprechen der Definitionsgleichung für F auch

$$F = \frac{S_i/N_i}{S_o/N_o} = S_i/N_i \quad \text{da} \quad S_o/N_o = 1$$

Für die gesuchte Signalquellenurspannung erhält man schließlich

$$e_s^2/300 = 1{,}58 \cdot 8{,}28 \cdot 10^{-16}$$

$$e_s^2 = 0{,}392 \cdot 10^{-12}$$

$$e_s = 0{,}63\ \mu V$$

Dieser Wert wird auch als Grenzempfindlichkeit bezeichnet.

Beispiel 5.2

Definieren Sie die Begriffe Rauschzahl und Signal-Rauschverhältnis und erläutern Sie die Beziehung zwischen beiden für ein Zweitornetzwerk.

Bild 5.3 zeigt ein Zweitor, dessen Rauscheigenschaften durch zwei Ersatzquellen am Eingang, eine mit dem quadratischen Mittelwert der Spannung $\overline{v^2}$ und die andere mit dem quadratischen Mittelwert des Stroms $\overline{i^2}$, beschrieben wird. Die angeschlossene Signalquelle hat den Innenwiderstand R_g. Leiten Sie für den Fall, daß die Rauschgeneratoren unkorreliert sind, einen Ausdruck für die Rauschzahl F ab und zeigen Sie, daß F minimal wird, wenn $R_g^2 = \overline{v^2}/\overline{i^2}$. Geben Sie jeweils Ausdrücke für $\overline{v^2}$ und $\overline{i^2}$ an, wenn das Netzwerk (a) aus einen einzelnen Parallelwiderstand und (b) aus einem einzelnen Serienwiderstand besteht.

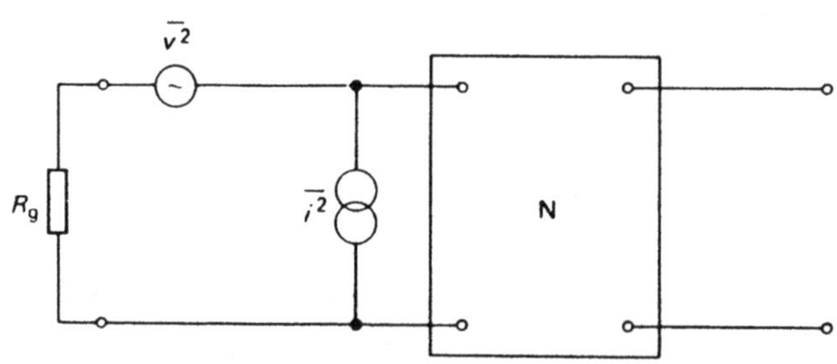

Bild 5.3 Schaltung zu Beispiel 5.2

Lösung

Die Antwort zum 1.Teil ist in Abschnitt 5.1 gegeben.

Für die Ersatzschaltung Bild 5.4 ergibt sich, wenn v_n die Gesamtrauschspannung am Eingang des Netzwerkes ist,

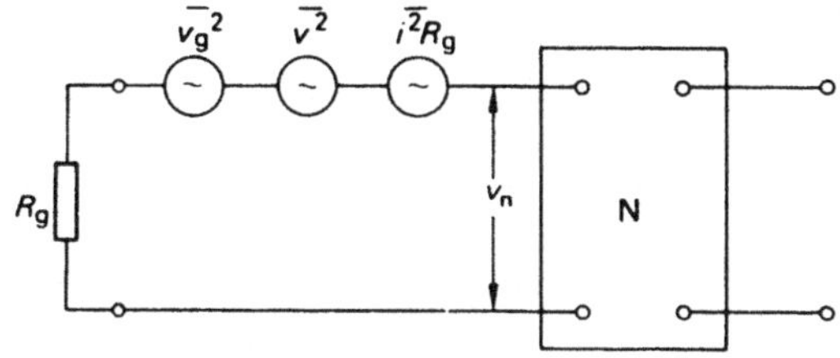

Bild 5.4 Ersatzschaltung zu Bild 5.3

$$\overline{v_n^2} = \overline{v_g^2} + \overline{v^2} + \overline{i^2}\, R_g^2$$

Die eingespeiste Rauschleistung entstammt dem Widerstand R_g; der quadratische Mittelwert dieser Rauschspannung ist $\overline{v_g^2} = 4kTB\,R_g$. Die Rauschzahl wird damit

$$F = \frac{\overline{v_n^2}}{\overline{v_g^2}} = 1 + \frac{\overline{v^2}}{4kTBR_g} + \frac{\overline{i^2}R_g}{4kTB}$$

Zur Bestimmung des Minumums wird $dF/dR_g = 0$ gesetzt, und man erhält

$$0 = -\frac{\overline{v^2}}{4kTBR_g^2} + \frac{\overline{i^2}}{4kTB}$$

oder $$R_g^2 = \overline{v^2}/\overline{i^2}$$

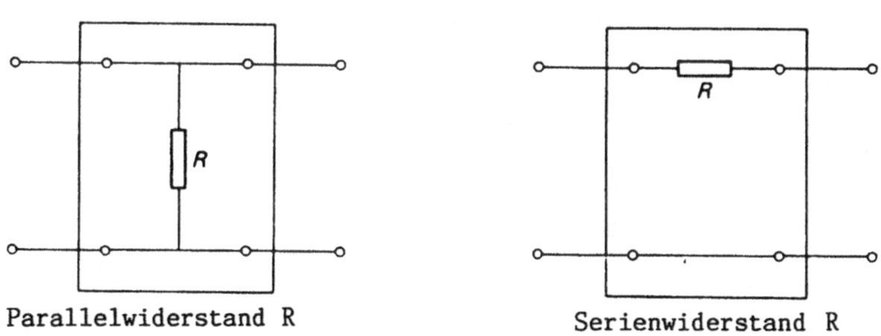

Bild 5.5 Parallel- und Serienwiderstand

a) Parallelwiderstand R

Hier ist $\overline{v^2} = 0$ und

$$\overline{i^2} = 4kTB/R$$

b) Serienwiderstand R

Hier ist $\overline{i^2} = 0$ und

$$\overline{v^2} = 4kTBR$$

5.2 Beispiele für Rauschzahlen

Die meist verwendeten Schaltungen sind Kathoden- oder Gitterschaltung bei Röhren, Emitter- oder Basisschaltung bei Transistoren und die entsprechenden Schaltungen für JFET's und IGFET's. Weitere Details sind im Anhang K zu finden; eine summarische Darstellung der Ergebnisse folgt.

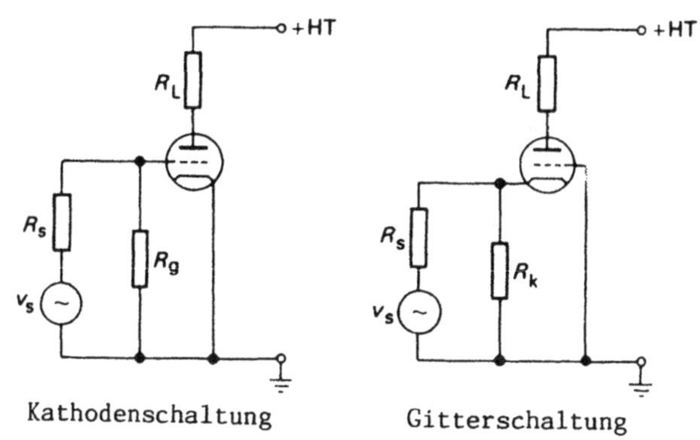

Bild 5.6 Kathoden- und Gitterschaltung

Kathodenschaltung

$$F = 1 + \frac{R_s}{R_g} + \frac{R_ä}{R_s}\left(1 + \frac{R_s}{R_g}\right)^2$$

$R_ä$ ist der äquivalente Schrotrauschwiderstand.

$$F = 1 + R_ä/R_s \quad \text{falls} \quad R_g >> R_s.$$

Gitterschaltung

$$F = 1 + \frac{R_s}{R_g} + \left(\frac{\mu}{\mu + 1}\right)^2 \frac{R_{ä}}{R_s}\left(1 + \frac{R_s}{R_g}\right)^2$$

μ ist die Leerlaufverstärkung der Röhre

$$F = 1 + R_{ä}/R_s \quad \text{falls} \quad R_g \gg R_s \quad \text{und} \quad \mu \gg 1.$$

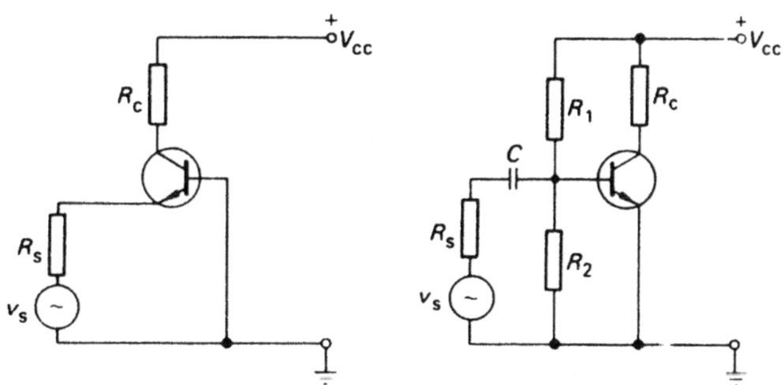

Basisschaltung Emitterschaltung

Bild 5.7 Basis- und Emitterschaltung

Basisschaltung

$$F = 1 + \frac{r_e}{2R_s} + \frac{r_b}{R_s} + \frac{(1 - \alpha_0)(R_s + r_e + r_b)^2 \left[1 + \left(\frac{f/f_{\alpha b}}{\sqrt{1 - \alpha_0}}\right)^2\right]}{2\alpha_0 r_e R_s}$$

R_s ist der Quelleninnenwiderstand, r_e und r_b der Emitter- bzw. Basisbahnwiderstand, α_0 die Gleichstromverstärkung und $f_{\alpha b}$ die Grenzfrequenz der Basisschaltung.

Emitterschaltung

$$F = 1 + \frac{r_e}{2R_s} + \frac{r_b}{R_s} + \frac{(1 - \alpha_0)(R_s + r_e + r_b)^2 \left[1 + \left(\frac{f/f_{\alpha e}}{\sqrt{1 - \alpha_0}}\right)^2\right]}{2\alpha_0 r_e R_s}$$

$f_{\alpha e}$ ist die Grenzfrequenz der Emiterschaltung; die anderen Größen sind weiter oben erläutert.

JFET - Schaltung

$$F = 1 + \frac{g_i}{g_s} + \frac{R_n(g_i + g_s)^2}{g_s}$$

Hierin ist g_i der Rauschleitwert einer Rauschstromquelle, g_s der Signalquellenleitwert und R_n ein äquivalenter Rauschwiderstand.

IGFET (MOSFET) - Schaltung

$$F = 1 + R_n g_{in}/g_m$$

g_{in} ist der Eingangsleitwert, g_m die Steilheit und R_n ein äquivalenter Rauschwiderstand.

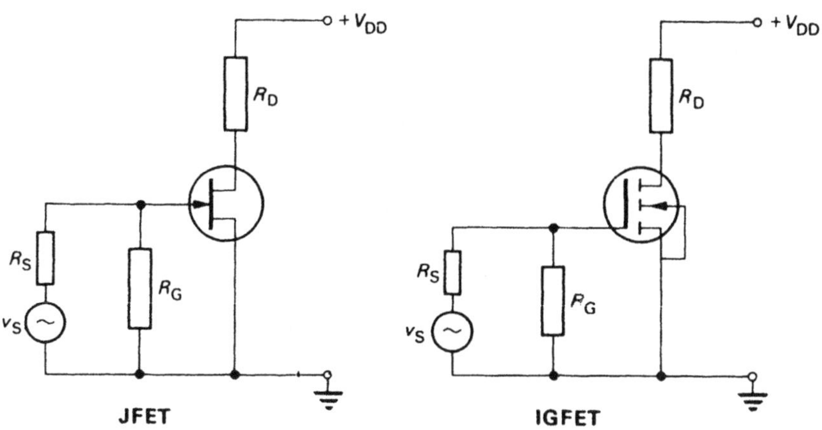

Bild 5.8 FET - Schaltungen

5.3 Kaskadierte Schaltungen

Werden zwei oder mehr aktive Schaltungen wie z.B. Verstärker in Kaskade bzw. Kette geschaltet, um größere Gesamtverstärkung zu erzielen, so ist auch die Gesamtrauschzahl von Bedeutung.

Betrachtet man zwei kaskadierte Verstärker mit den Verstärkungen G_1 und G_2 und den Rauschzahlen F_1 und F_2, so sei F die Gesamtrauschzahl der Gesamtschaltung mit der effektiven Bandbreite B. Speist man ein Rauschsignal mit der Leistung kTB in den ersten Verstärker ein, so ist

Ausgangsrauschleistung des 1. Verstärkers $= F_1G_1kTB$

Ausgangsrauschleistung des idealen Verstärkers $= G_1kTB$

Zusatzrauschleistung des 1. Verstärkers $= F_1G_1kTB - G_1kTB$

$= (F_1 - 1)kTBG_1$

Die Zusatzrauschleistung, die im ersten Verstärker entsteht, läßt sich auch als hypothetische zusätzliche Eingangsrauschleistung am dann ideal rauschfreien Verstärker anbringen. Sie hat die Größe $(F_1 - 1)$ kTB und ist in Bild 5.9 gestrichelt eingetragen. Ganz analog kann die zusätzliche Eingangsrauschleistung des zweiten Verstärkers am Eingang mit $(F_2 - 1)$ kTB berücksichtigt werden. Bei dieser Berechnung können die beiden Verstärker also als ideal rauschfrei angesetzt werden, wenn die Rauschbeiträge der beiden Verstärker an den jeweiligen Eingängen zusätzlich berücksichtigt werden. Für die gesamte Ausgangsrauschleistung läßt sich also angeben

$$N_o = kTBG_1G_2 + (F_1 - 1)kTBG_1G_2 + (F_2 - 1)kTBG_2$$

$$= F_1kTBG_1G_2 + (F_2 - 1)kTBG_2$$

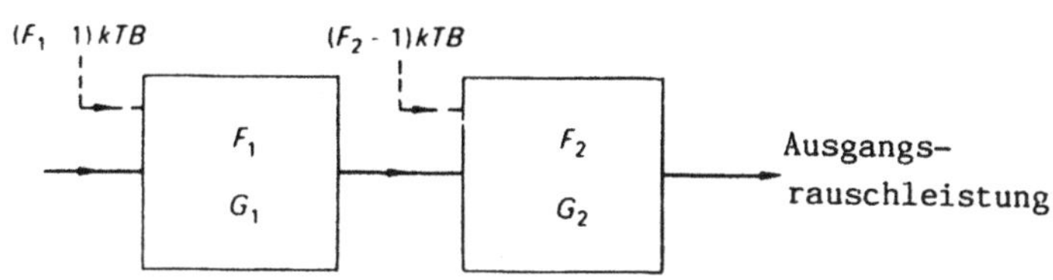

Bild 5.9 Kettenschaltung zweier rauschender Vierpole

Die Ausgangsrauschleistung des idealen Netzwerkes wäre

$$N'_o = kTBG_1G_2$$

Damit erhält man für die Kettenschaltung von zwei Verstärkern die Rauschzahl zu

$$F = \frac{N_o}{N'_o} \quad \frac{F_1kTBG_1G_2 + (F_2 - 1)kTBG_2}{kTBG_1G_2}$$

$$= F_1 + (F_2 - 1)/G_1$$

Anmerkungen

1. Für die Kettenschaltung dreier Verstärker gilt analog

$$F = F_1 + \frac{(F_2 - 1)}{G_1} + \frac{(F_3 - 1)}{G_1 G_2}$$

2. Die Rauschzahl eines passiven Vierpols mit der Dämpfung L ist ebenfalls L, wie sich zeigen läßt; es gilt dann für die Zahlenwerte F = L.

5.4 Rauschzahlmessung (25)

Zwei Methoden zur Rauschzahlmessung von Verstärkern oder Empfängern sind die direkte Methode mit kleinen Signalen und die mit Rauschdioden. Letztere ist einfacher zu handhaben, da keine Informationen über Systembandbreite, die oft nicht genau bekannt ist, benötigt werden.

Wird eine Röhrendiode im Sättigungsgebiet als Rauschquelle eingesetzt, so gibt sie weißes Rauschen (Schrotrauschen) bis etwa 5 MHz ab. Die Rauschleistung kann durch Variationen des Diodenstroms verändert werden. Die Rauschdiodenbeschaltung ist in Bild 5.10 dargestellt; eine Rauschmeßanordnung zeigt Bild 5.11.

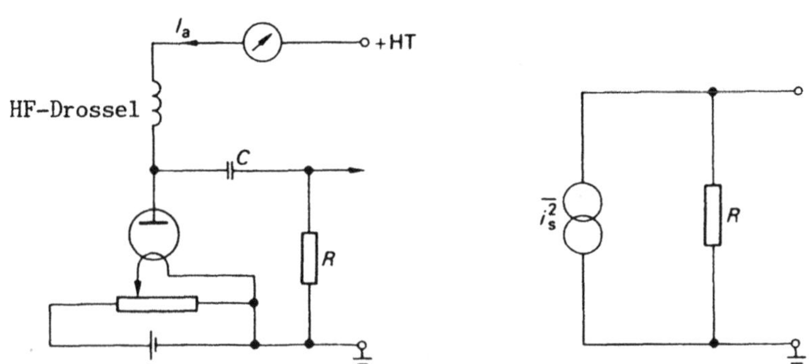

Bild 5.10 Diode als Rauschquelle und Ersatzschaltung

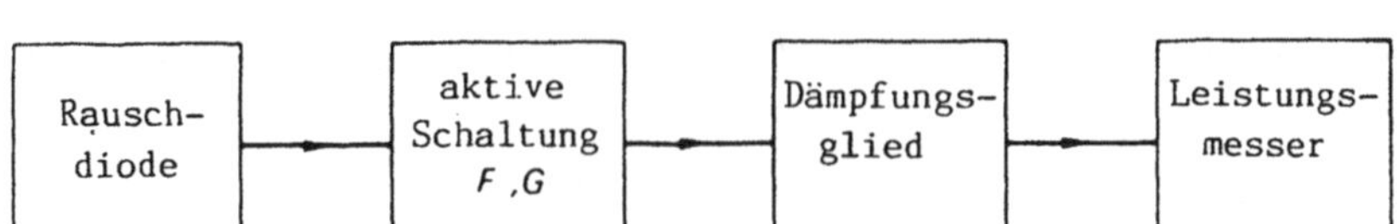

Bild 5.11 Rauschmeßplatz

Die Kathode wird durch eine variable Spannungsquelle geheizt und dadurch im Sättigungsgebiet gehalten. Im Anodenkreis sitzt eine HF-Drossel mit hoher Impedanz in Bandmitte des interessierenden Frequenzbereichs. Ihre Impedanz kann ebenso, wie der hohe Diodeninnenwiderstand r_d gegenüber dem parallelgeschalteten Lastwiderstand R vernachlässigt werden. Die Ersatzschaltung in Bild 5.10 zeigt also nur den Schrotrauschgenerator mit dem quadratischen Mittelwert des Stroms $\overline{i_s^2}$ und die Last R.

Dieser Widerstand R sei der Eingangswiderstand des zu vermessenden aktiven Netzwerks. Die Messung besteht aus zwei Schritten. Man bestimmt zunächst die Ausgangsleistung bei ausgeschaltetet Rauschquelle ($I_a = 0$) und bei 0 dB-Einstellung des Dämpfungsgliedes. Dann wird der Diodenstrom solange verändert, bis bei 3 dB-Einstellung des Däpfungsgliedes die gleiche Ausgangsleistung wieder angezeigt wird. Damit hat sich die Ausgangsleistung des Verstärkers (vor dem Dämpfungsglied) verdoppelt. Die Verstärkung muß bei beiden Meßschritten natürlich gleich sein, d.h. eine eventuell vorhandene Verstärkungsregelung muß unterbrochen werden. Indem man das 3 dB Dämpfungsglied einsetzt, hat man bei beiden Meßschritten die gleiche Leistung P_o zu messen, d.h. eine Skalennichtlinearität spielt keine Rolle.

Die verfügbare Rauschleistung, die der Widerstand R bei abgeschalteter Rauschdiode abgibt, ist $N_1 = kTB$ und bei eingeschalteter Diode ist sie (siehe Abschnitt 4.2)

$$N_2 = \frac{\overline{i_s^2}}{4} R = \frac{eI_aRB}{2}$$

Die Ausgangsleistung des Verstärkers ist damit beim ersten Meßschritt

$$P_o = kTBGF \quad \text{da definitionsgemäß} \quad F = N_o/(kTBG)$$

und beim zweiten Meßschritt, wenn der Diodenstrom I_a richtig justiert wurde

$$P_o + P_o = kTBGF + eI_aRBG/2$$

oder

$$2kTBGF = kTBGF + eI_aRBG/2$$

Dies läßt sich nach F auflösen:

$$kTBGF = eI_aRBG/2$$

$$F = eI_aR/(2kT)$$

Setzt man die Zahlenwerte für e, k und $T = T_o$ ein, gilt $e/(2kT) \simeq 20$ und

$$F \simeq 20 I_a R$$

Die Rauschzahl ist also direkt proportional dem Diodenstrom, der ja bei der Messung bestimmt wird, und dem bekannten Eingangswiderstand R des Versrärkers.

Anmerkung

Für höhere Frequenzen im Mikrowellengebiet setzt man Gasentladungsröhren ein, die gut angepaßt an Hohlleiter angekoppelt sind.In neuerer Zeit werden durchweg Festkörperrauschquellen eingesetzt, siehe Abschnitt 5.9.

5.5 Rauschtemperatur

Die thermische Rauschleistung P_n, die ein Widerstand bei der Bandbreite B abgibt, ist kTB, wobei T die absolute Temperatur dieses Widerstandes ist. Nach T aufgelöst ergibt sich

$$T = P_n/(kB)$$

Um nun die Rauscheigenschaften anderer als thermischer Rauschquellen zu beschreiben, kann man sich des Konzepts der effektiven Rauschtemperatur bedienen. Man ordnet der Rauschquelle eine fiktive Temperatur T_e zu, die nichts mit der physikalischen Temperatur wie im Falle des Widerstands als Rauschquelle zu tun hat. Ein Beispiel für eine nichtthermische Rauschquelle sei eine Antenne, die aus verschiedenen Richtungen Rauschleistung empfängt. Man kann ihr die effektive Rauschtemperatur T_a zuordnen und es gilt, falls die Rauschleistung P_n mit der Bandbreite B empfangen wird

$$T_a = P_n/(kB)$$

Der Wert von T_a hängt von der Richtung ab, in die die Hauptstrahlrichtung zeigt und vom Richtdiagramm. Diverse Rauschsignale wie galaktisches Rauschen, Sonnenrauschen usw. sind aus den unterschiedlichsten Raumsektoren zu empfangen. Man kann also sagen, der Himmel hat eine effektive Rauschtemperatur. Diese ist frequenzabhängig wie in Bild 5.12 skizziert.

Das Konzept der effektiven Rauschtemperatur kann ebenso bei Vierpolen, wie z.B. Verstärkern, angewendet werden. Bei rauscharmen Verstärkern, wie z.B. auch Maser und parametrischer Verstärker, ist dies besonders sinnvoll. Da in diesen Fällen die Rauschzahlen sich nur sehr wenig von Eins unterschei-

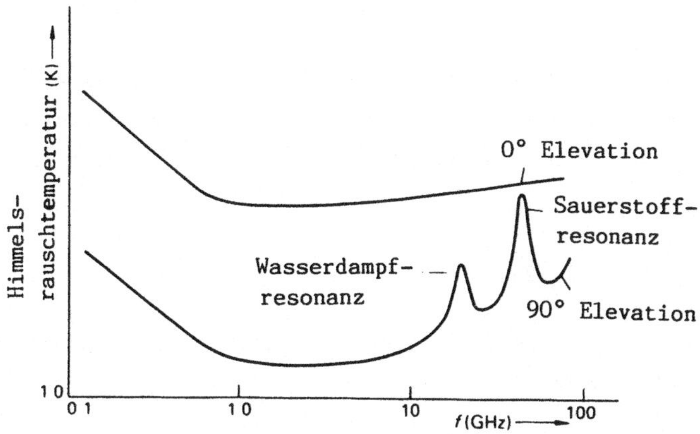

Bild 5.12 Antennenrauschtemperatur

den, ist es üblich, die effektiven Rauschtemperaturen zu betrachten und zu vergleichen. Der Zusammenhang zwischen der effektiven Rauschtemperatur T_e und der Rauschzahl F eines Netzwerkes ergibt sich wie folgt:

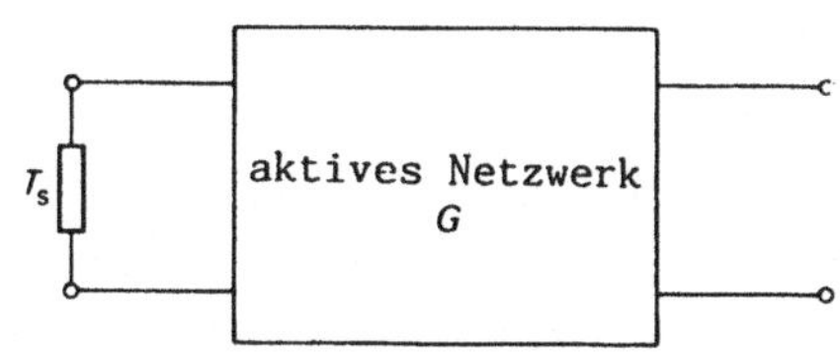

Bild 5.13

Die eingangsseitige thermische Rauschquelle am Vierpol habe die Temperatur T_s, siehe Bild 5.13. Die Ausgangsrauschleistung ist dann $N_o = FGkT_sB$ und die vom Netzwerk zusätzlich erzeugte Rauschleistung ist

$$N_z = FGkT_sB - GkT_sB = (F - 1)GkT_sB$$

Ersetzt man das rauschende Netzwerk durch ein ideales nichtrauschendes und einen vorgeschalteten rauschenden Widerstand mit der effektiven Temperatur T_e, so kann man für die zusätzlich erzeugte Rauschleistung auch $N_z = GkT_eB$ schreiben. Durch Gleichsetzen ergibt sich dann der gesuchte Zusammenhang:

$$GkT_eB = (F - 1)GkT_sB$$

$$T_e = (F - 1)T_s$$

also $F = 1 + T_e/T_s$

Die Quellentemperatur T_s ist hier gleichzeitig die Eingangstemperatur des aktiven Netzwerks. Bei Rauschzahlmessung bzw. -definition bezieht man sich üblicherweise auf die Standardtemperatur $T_o = 290K$, es gilt also

$$T_e = (F - 1)290K$$

oder $F = 1 + T_e/290$

Ist die Rauschquellentemperatur T_s eine andere als die Standardtemperatur T_o des Netzwerks, so ist die Rauschzahl F gegeben durch

$$F = 1 + (F_{290} - 1)T_o/T_s$$

wobei F_{290} die bei Standardtemperatur definierte Rauschzahl ist.

Anmerkungen

1. Für eine Kettenschaltung aktiver Vierpole mit effektiven Rauschtemperaturen T_{e1}, T_{e2} usw. und den Verstärkungen G_1, G_2 usw. gilt für die Gesamtrauschtemperatur

$$T_e = T_{e1} + \frac{T_{e2}}{G_1} + \frac{T_{e3}}{G_1 G_2} + \dots$$

Darin sind $T_{e1} = (F_1 - 1) \cdot 290K$, $T_{e2} = (F_2 - 1) \cdot 290K$ usw. und die Rauschzahlen F_1, F_2 usw. sind bei 290K definiert.

2. Für eine verlustbehaftete Leitung, ein Dämpfungsglied oder ein Radom mit einem Dämpfungsfaktor L gilt $L = F$ und $T_e = (L - 1) \cdot 290K$.

3. Kleinere Rauschzahlunterschiede zwischen 1,1 und 1,2 führen auf größere Unterschiede in den Rauschtemperaturen zwischen 29K und 58K, was in rauscharmen Systemen besser zu handhaben ist.

Beispiel 5.3

Zur Verstärkung eines Nutzsignals mit niedrigem Pegel sind drei angepaßte Verstärker vorhanden. Sie haben folgende Daten:

Verstärker	Leistungsverstärkung	Rauschzahl
A	6 dB	1,7
B	12 dB	2,0
C	20 dB	4,0

Die Verstärker sollen in Kaskade (Kette) geschaltet werden. Berechnen Sie die minimal erreichbare Rauschzahl und notieren Sie die Reihenfolge, in der die Verstärker verbunden werden müssen.

Lösung

Um eine möglichst geringe Rauschzahl zu erzielen, sollte der erste Verstärker möglichst geringe Rauschzahl und möglichst hohe Verstärkung haben. Die Rauschzahl des Gesamtverstärkers wird auf jeden Fall größer als die der 1. Stufe. Daher wird zunächst die Reihenfolge A,B,C und A,C,B getestet. Falls die Rauschzahl größer als 2 wird, kommt auch noch die Reihenfolge B, A,C in Frage.

(a) Reihenfolge A,B,C

$$F = F_A + \frac{(F_B - 1)}{G_A} + \frac{(F_C - 1)}{G_A G_B}$$

$$= 1{,}7 + \frac{(2 - 1)}{4} + \frac{(4 - 1)}{4 \cdot 16}$$

$$= 1{,}7 + 0{,}25 + 0{,}047$$

$$F = 1{,}997$$

(b) Reihenfolge A,C,B

$$F = F_A + \frac{(F_C - 1)}{G_A} \quad \frac{(F_B - 1)}{G_A G_C}$$

$$= 1{,}7 + \frac{(4 - 1)}{4} \quad \frac{(2 - 1)}{4 \cdot 100}$$

$$= 1{,}7 + 0{,}75 + 0{,}025$$

$$F = 2{,}475$$

(c) Reihenfolge B,A,C

$$F = F_B + \frac{(F_A - 1)}{G_B} + \frac{(F_C - 1)}{G_B G_A}$$

$$= 2{,}0 + \frac{0{,}7}{16} + \frac{3{,}0}{16 \cdot 4}$$

$$= 2{,}0 + 0{,}044 + 0{,}047$$

$$= 2{,}091$$

Fall (a) ist also die optimale Lösung mit der Gasamtrauschzahl 1,997, die

Variante (c) ist aber nur unwesentlich schlechter.

Ähnlichkeiten zwischen Rauschzahl und Rauschtemperatur

1. Beide sind ein Maß für das Rauschen eines Netzwerks; je größer sie sind, desto stärker ist das Rauschen.

2. Sie stehen wie folgt im Zusammenhang:

$$T_e = (F - 1)290 \quad \text{oder} \quad F = 1 + T_e/290$$

3. Beide sind mit der Rauschleistung verknüpft.

4. Beide können bei der Bestimmung des Gesamtrauscheffekts einer Kettenschaltung angewendet werden.

Gegensätze zwischen Rauschzahl und Rauschtemperatur.

1. F ist eine dimensionslose Größe, während T_e eine (physikalische oder fiktive) Temperatur darstellt.

2. $F_{min} = 1$ und $T_{min} = 0K$

3. F benutzt man vorteilhaft bei größeren Zahlenwerten. Bei kleineren Zahlenwerten von F ist T_e größer und Unterschiede werden deutlicher. Daher verwendet man die Rauschtemperatur vorzugsweise zur Beschreibung des Rauschverhaltens rauscharmer Systeme.

Die Hauptanwendung der Rauschzahl F liegt in der Beschreibung des Rauschverhaltens von Verstärkern und Empfängern, die in Kette geschaltete Baugruppen auf Zimmertemperatur enthalten. Ihre Hauptanwendung findet die Rauschtemperatur T_e bei rauscharmen Systemen (26), wie Maser oder parametrische Vorverstärker. Auch bei stärker bündelnden Antennen, wie Parabolantennen, und zur Beschreibung des Himmelsrauschens wird sie eingesetzt.

5.6 Systemtemperatur

Ein wesentlicher Parameter zur Beschreibung der Rauscheigenschaften eines Empfangssystems ist die Systemtemperatur T_s . Sie wird in rauscharmen Systemen, wie z.B. in der Bodenstation für Satelittenkommunikation, benutzt. Sind Antenne und Empfänger direkt verbunden, definiert man

$$T_s = T_a + T_r$$

wobei T_a die Antennenrauschtemperatur und T_r die effektive Eingangstemperatur des Empfängers aufgrund der internen Rauschquellen ist.

Meist verbindet jedoch die Antenne mit dem Empfänger eine Leitung mit Verlusten. Um die Systemeigenschaften zu verbessern, kann man einen rauscharmen Vorverstärker einsetzen. In diesem Fall ist es zweckmäßig, alle Rauschbeiträge der Empfängerkette in einer Rauschtemperatur bezogen auf den Punkt direkt hinter der Antenne zusammenzufassen. Für das System in Bild 5.14 ist die Systemtemperatur gegeben durch

$$T_s = T_a + (L - 1)T_o + LT_p + LT_r/G$$

wobei L der Verlustfaktor der Leitung, T_o die Bezugstemperatur, T_p die Rauschtemperatur des Vorverstärkers mit der Verstärkung G und T_r die effektive Empfängerrauschtemperatur darstellt.

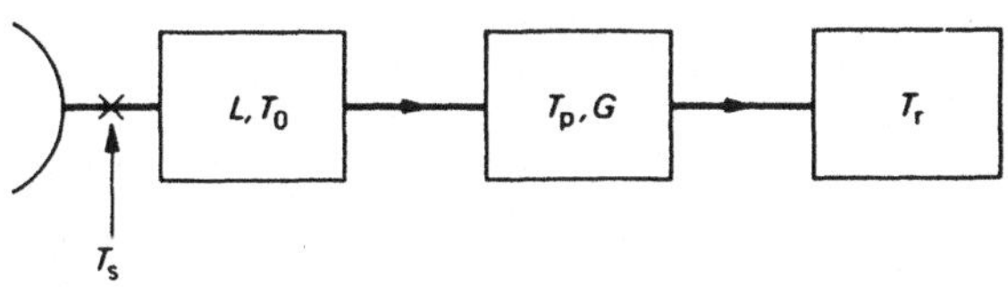

Bild 5.14 Empfangssystem und Systemrauschtemperatur T_s

Beispiel 5.4

Eine Antenne mit einer Rauschtemperatur von 57K ist über ein Kabel mit einem Vorverstärker und Empfänger verbunden. Die Kabelverluste sind 1dB, der Vorverstärker hat 20dB Gewinn und eine Rauschtemperatur von 90K. Die Empfängerrauschtemperatur ist 290K. Wie groß ist die Systemtemperatur der Anlage. Bestimmen Sie auch die Systemtemperatur, wenn der Vorverstärker direkt an der Antenne vor der Verbindungsleitung zum Einsatz kommt. Die Bezugstemperatur ist $T_o = 290K$.

Lösung

Es gilt für das System gemäß Bild 5.14

$$T_s = T_a + (L - 1)T_o + LT_p + LT_r/G$$

mit $L = 1dB \equiv 1{,}26$

und $G = 20dB \equiv 100$

Eingesetzt ergibt sich

$$T_s = 57 + (1,26 - 1,0)290 + 1,26 \cdot 290 + 1,26 \cdot 290/100$$

$$= 57 + 75,4 + 113,4 + 3,65$$

$$= 249,5K$$

Vertauscht man Leitung und Vorverstärker, so gilt

$$T_s = T_a + T_p + (L - 1)T_o/G + LT_r/G$$

$$= 57 + 90 + (1,26 - 1,0) \cdot 290/100 + 1,26 \cdot 290/100$$

$$= 57 + 90 + 0,75 + 3,65$$

$$= 151,4K$$

Anmerkungen

1. Den größten Beitrag zu T_s liefert die verlustbehaftete Leitung, falls der Vorverstärker direkt vor den Empfänger geschaltet wird. Verlustarme Zuleitungen sind also wichtig.
2. Sitzt der Vorverstärker direkt an der Antenne, ist der durch die Leitungsverluste verursachte Anteil verschwindend gering. Ein Vorverstärker mit möglichst hoher Verstärkung und möglichst geringer Rauschtemperatur führt zu minimalem Systemrauschen.
3. Der hohe Gewinn des Vorverstärkers reduziert in beiden Fällen den Einfluß der hohen Empfängerrauschtemperatur beträchtlich.

5.7 Rauscharme Verstärker (27,28)

In Radar- und Satellitenkommunikationssystemen sowie in der Radioastronomie sind die empfangenen Signale oft sehr schwach; man muß diese verstärken und dabei möglichst wenig zusätzliches Rauschen erzeugen. Als rauscharme Verstärker werden Maser, parametrische Verstärker und FET-Verstärker eingesetzt.

Maser

Diese sind in der Lage, schwache Mikrowellensignale zu verstärken. Das Wort Maser ist eine Abkürzung aus den Begriffen microware amplification by the stimulated emission of radiation. Es gibt Gas- und Festkörpermaser. Ein häufig verwendeter Festkörpermaser ist der Rubinmaser; er kann als

Maser mit Resonator oder als Wanderwellenmaser ausgeführt sein.

Die Wirkungsweise beruht auf quantenmechanischen Prinzipien. Rubin ist Aluminiumoxid $Al_2 O_3$ mit einigen eingelagerten Cr-Ionen. Der Festkörper wird in ein statisches Magnetfeld gebracht und die Aufspaltung der Energieniveaus in drei oder vier verschiedene Niveaus ausgenutzt, siehe Bild 5.15. Bei Raumtemperatur befinden sich die Elektronen vornehmlich in den unteren Energiezuständen. Für die Anzahlen N_1 und N_2 der Elektronen in den Energieniveaus W_1 und W_2 gilt die Boltzmannsche Gleichung

$$\frac{N_1}{N_2} = \frac{e^{-W_1/kT}}{e^{-W_2/kT}}$$

so daß $N_1 > N_2$ bei $W_1 < W_2$

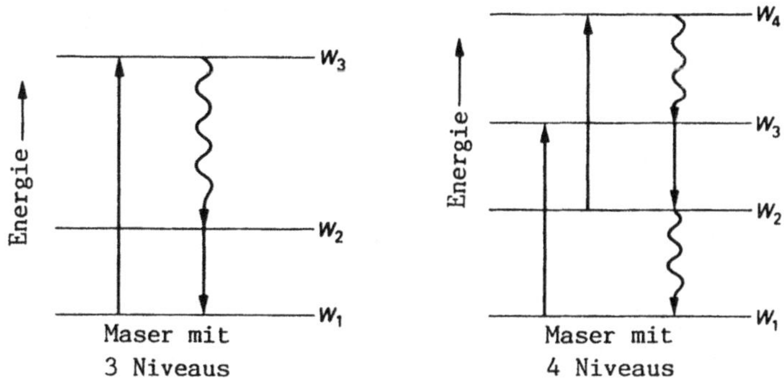

Bild 5.15 Energieniveaus und Übergänge des Masers

Durch Anlegen einer externen HF-Quelle mit der Pumpfrequenz $f_p = (W_3 - W_1)/h$ werden Elektronen auf das Energieniveau W_3 angehoben (Maser mit 3 Niveaus). Diese angeregten Elektronen kehren spontan und unter Abgabe von Phonomen (Wärmequanten) auf das Energieniveau W_2 zurück. Damit besteht Ungleichgewicht und es ist $N_2 > N_1$ (Inversion). Wird nun ein schwaches Eingangssignal mit der Frequenz f_s angelegt, so wird eine große Anzahl kohärenter Elektronenübergänge vom Energieniveau W_2 zum Grundniveau W_1 angeregt.

Die Energieabgabe geschieht bei der Frequenz $f_s = (W_2 - W_1)/h$; das angelegte Signal wird also verstärkt. Um jedoch spontane Übergänge von W_2 nach W_1 auszuschließen, die ja Rauschen hervorrufen würden, muß der Rubinkristall in flüssigem Helium oder Stickstoff gekühlt werden.

Der Rubin befindet sich beim Resonatormaser im Mikrowellenresonator, in den sowohl die Pumpleistung als auch die Signalleistung eingekoppelt werden. Diese Struktur ist schmalbandig, und man benutzt daher meist Wanderwellenmaser, bei dem eine Verzögerungsleitung zum Einsatz kommt. Die Wechselwirkung zwischen Rubinkristall und HF-Feld kann dann längs einer längeren Struktur erfolgen. Dies hat hohen Gewinn und große Bandbreite zur Folge.

Maser sind nach wie vor in Gebrauch bei Anwendungen wie Radioastronomie oder Kommunikation mit erdfernen Satelliten im tiefen Weltraum. In anderen Applikationen wurden sie jedoch ersetzt durch parametrische Verstärker.
Ein Wanderwellenmaser, der bei 1 - 2 GHz arbeitet, hat eine typische Verstärkung von 20 dB, 25 MHz Bandbreite und 20 K Rauschtemperatur. Die benötigte Pumpfrequenz liegt in der Größenordnung von 48 GHz bei einer Leistung von ca. 150 mW. Ein Wanderwellenmaser wird in Bild 5.16 dargestellt.

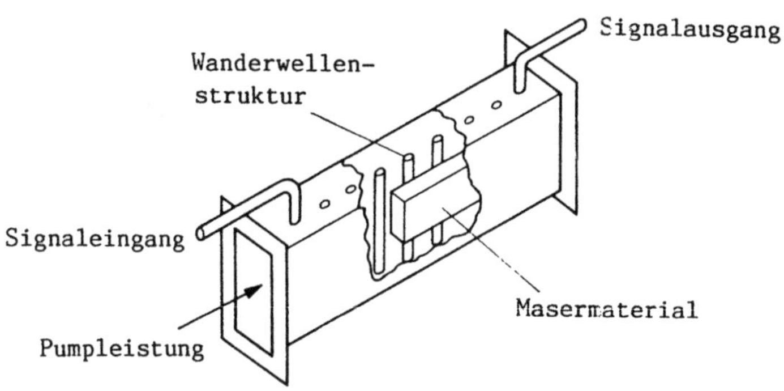

Bild 5.16 Wanderwellenmaser

Parametrischer Verstärker

In diesem Bauteil wird die Verstärkung hervorgerufen durch Variation des Kapazitätsparameters einer Varaktordiode, die Bestandteil des Schwingkreises ist, daher auch der Name parametrischer Verstärker. Die Kapazitätsvariation wird durch die Energie einer Pumpquelle erzeugt. Variiert man den Plattenabstand des Kondensators bzw. die spannungsabhängige Sperrschichtkapazität der Varaktordiode im zum Eingangssignal passenden Moment, siehe Bild 5.17, so steigt die Spannung über der Varaktordiode und bewirkt so die Verstärkung des Eingangssignals.

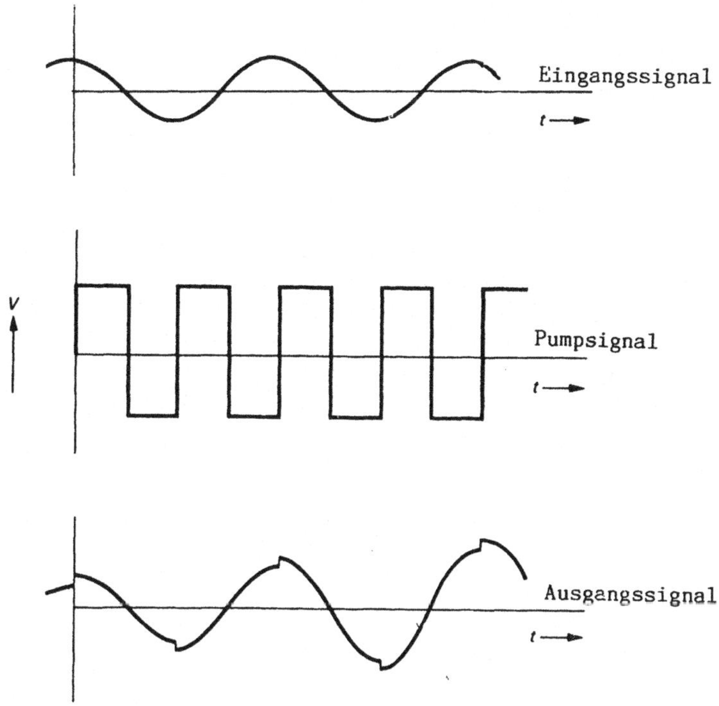

Bild 5.17 Zur Funktion des parametrischen Verstärkers

Eine typische Anordnung mit Dreitorzirkulator zeigt Bild 5.18. Parallel zum Varaktor liegen ein auf das Eingangssignal abgestimmter Kreis, ein Kreis für die Pumpfrequenz und ein Idlerkreis. Der Zusammenhang zwischen Pumpfrequenz f_p, Idlerfrequenz f_i und Signalfrequenz f_s ist durch $f_i = f_p - f_s$ gegeben. Speziell kann auch $f_p = 2f_s$ gelten, dann ist $f_i = f_s$. Man spricht dann vom degenerierten parametrischen Verstärker, der mit zwei Kreisen auskommt, da Idler- und Eingangskreis identisch sind.

Meist benutzt man den nicht degenerierten parametrischen Verstärker mit Idlerkreis, um genügend Verstärkung zu erzielen. Dabei ist $f_p \neq 2f_s$, die Verstärkung tritt bei der Idlerfrequenz $f_i = f_p - f_s$ auf. Die Anordnung bewirkt also gleichzeitig eine Aufwärts- oder Abwärtsmischung.

Für den Fall, daß die Pumpfrequenz höher als die Signalfrequenz liegt, wird die Verstärkung durch die Manley - Rowe Gleichungen (29) beschrieben. Die Schaltung wirkt als negativer Widerstand. Stabilität ist gegeben, wenn dieser negative Widerstand von Betrage her kleiner als der Signalquellenwiderstand ist. Der parametrische Verstärker mit einem einzelnen Varaktor ist schmalbandig, er hat ca. 10 % Bandbreite. Wanderwellenstrukturen mit mehreren Varaktoren kommen auf eine Bandbreite von bis zu 50 % der Bandmittenfrequenz.

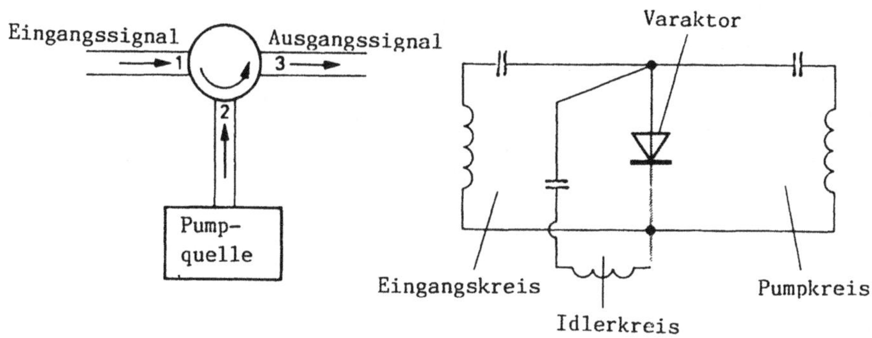

Bild 5.18 Parametrischer Verstärker

Die Betriebseigenschaften eines parametrischen Verstärkers werden durch Betriebsfrequenz, Pumpfrequenz und Varaktorcharakteristik bestimmt. Die Rauschzahl kann recht niedrig ausfallen und durch Kühlung mit flüssigem Stickstoff (77 K) oder flüssigem Helium (4,2 K) weiter reduziert werden. Beispielsweise kann ein 5 GHz Verstärker mit 20 dB Gewinn und einer Bandbreite von 10 % mit einer Gunnelement - Pumpquelle und GaAs Varaktor ausgestattet werden. Die Rauschtemperatur dieser Anordnung ist um 70 K; durch Kühlung mit flüssigem Helium läßt sich 20 K erreichen. Man findet parametrische Verstärker in Radarsystemen und Satellitenbodenstationen.

FET - Verstärker (30)

Mit Feldeffekttransistoren aus GaAs lassen sich signifikante Ergebnisse bei Mikrowellenfrequenzen erzielen. Mikrowellen - GaAs - FET's und speziell rauscharme FET - Verstärker sind in den letzten Jahren entwickelt worden und jetzt für kommerzielle Zwecke erhältlich.

Die guten Betriebseigenschaften bei hohen Frequenzen beruhen auf der Tatsache, daß Elektronenbeweglichkeit und -geschwindigkeit in GaAs höher als in Silizium sind. Dies führt auf geringere Verlustleistung und kürzere Ladungsträgerlaufzeiten. GaAs - FET's können heute bis über 40 GHz mit hoher

Verstärkung und geringem Rauschen arbeiten.

In einem GaAs -FET fließen die Ladungsträger von der Source- zur Drainelektrode durch eine dünne epitaxiale Schicht n-dotierten GaAs-Materials auf einem undotierten GaAs - Trägersubstrat. Der Stromfluß wird entweder durch eine Metell-Halbleitersperrschicht (Schottky barrier) an der Gateelektrode oder durch eine isolierte Gateelektrode beeinflußt. Der Sperrschicht - FET hat beste Mikrowelleneigenschaften und wird durch einen planaren Prozess hergestellt. Die dünne leitende GaAs Epitaxieschicht wird auf dem halbleitenden GaAs-Substrat aufgebracht, die Metall-Halbleitersperrschicht entsteht durch Aufbringen der metallischen Gateelektrode. Die prinzipielle Konstruktion dieses Bauteils ist in Bild 5.19 gezeigt.

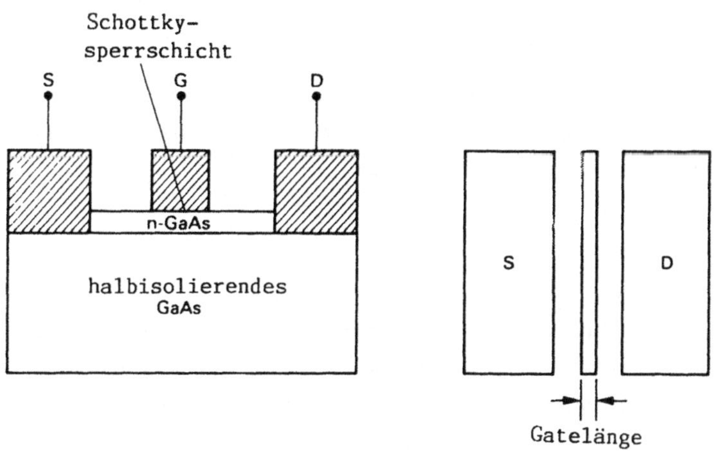

Bild 5.19 GaAs FET

Die bedeutsamste Anwendung der GaAs-FET's findet man derzeit in rauscharmen Verstärkern. Transistoren, die für rauscharme Anwendungen konzipiert sind, haben Schottky Gates mit typischer Längenabmessung von 0,5 µ. Rauschzahlen liegen bei 1 dB für 4 GHz und 2 dB für 12 GHz mit Verstärkungen von ca. 10 - 12 dB.

Ein rauscharmer Mikrowellenverstärker kann einen oder mehrere GaAs-FET-Stufen enthalten mit draufolgenden Bipolartransistorstufen. Alternativ könnte er einen sehr rauscharmen parametrischen Verstärker und folgende rauscharme FET-Stufen enthalten. Ein solches Konzept kann beispielsweise im Frequenzbereich 7,25 - 7,75 GHz bei einer 1 MHz Bandbreite mit einer Rauschzahl von 3 dB aufwarten.

FET-Verstärker haben weitere Vorzüge, wie lange Lager- und Gebrauchsfähigkeit, kleine Abmessungen und geringe Verlustleistung. Deswegen finden sie zunehmend Anwendungen in den Vorstufen (front end) der verschiedensten Mikrowellenempfänger für Radar und Satellitenkommunikation. In Bodenstationen von Satellitenanlagen führen sie zu sehr betriebssicheren und kosteneffektiven Empfangsanlagen mit vorzüglicher Gütezahl G/T.

Beispiel 5.5

Skizzieren und diskutieren Sie die Frequenzabhängigkeit der Himmelsrauschtemperatur.

Ein Empfänger hat eine Empfängerrauschzahl von 10 dB. Seine Empfindlichkeit soll durch Einsatz eines Vorverstärkers mit 3 dB Rauschzhal und 10 dB Gewinn verbessert werden.

Um welchen Betrag wird sich die Empfängergüte verbessern, wenn die effektive Antennenrauschtemperatur (a) 290 K und (b) 58 K beträgt? Die angegebenen Rauschzahlen sind auf 290 K bezogen.

Lösung

Die Himmelstemperatur ist in Bild 5.12 dargestellt. Sie ist auf diverse galaktische Quellen und die Sonne zurückzuführen. Die Sonnenrauschtemperatur nimmt umgekehrt proportional mit der Frequenz ab bis hin zu ca. 1 GHz. In diesem niedrigen Frequenzbereich handelt es sich um den Rauschanteil, den schwachbündelnde Antennen aufnehmen. Im Mikrowellenbereich zwischen 1 - 10 GHz ist das Antennenrauschen kleiner als bei allen anderen Fequenzen. Diesen Bereich nennt man daher auch Radiofenster der Atmosphäre; er wird für Weltraumkommunikation genutzt. Über 10 GHz steigt die Himmelsrauschtemperatur wieder an. Es gibt Resonanzspitzen bei ca. 22 GHz wegen des Wasserdampfanteils und bei ca. 60 GHz wegen des O_2 - Gehalts der Atmosphäre.

Man kann auch beobachten, daß die empfangene Rauschleistung minimal ist, wenn die Antenne auf den Zenith gerichtet ist, und maximal, wenn sie auf den Horizont zeigt. Im letzteren Fall nimmt die Antenne auch Strahlung von der "warmen" Erdoberfläche auf. Dieser Effekt ist durch die zwei Kurven in Bild 5.12 gezeigt.

Die Güte des Empfangssystems wird am besten durch die Systemrauschtemperatur T_s beschreiben. Für jeden Wert der Antennenrauschtemperatur wird die Systemrauschtemperatur mit und ohne Vorverstärker bestimmt und verglichen.

(a) 290 K. Für die Systemrauschtemperatur gilt

ohne Vorverstärker

$$T_s = 290 + (10 - 1)290 = 2900 \text{ K}$$

mit Vorverstärker

$$T_s = 290 + (2 - 1)290 + \frac{(10 - 1)290}{10} = 841 \text{ K}$$

Das System verbessert sich um den Faktor

$$A = \frac{2900}{841} = 3{,}45 \equiv 5{,}4 \text{ dB}$$

(b) 58 K

ohne Vorverstärker

$$T_s = 58 + (10 - 1)290 = 2668 \text{ K}$$

mit Vorverstärker

$$T_s = 58 +(2 - 1)290 + \frac{(10 - 1)290}{10} = 609 \text{ K}$$

Nun verbessert sich das System um den Faktor

$$B = \frac{2668}{609} = 4{,}4 \equiv 6{,}4 \text{ dB}$$

Je niedriger die Antennenrauschtemperatur ist, desto wirksamer ist also ein Vorverstärker. In diesem Fall ist bei 58 K eine weitergehende Verbesserung um 1 dB gegenüber 290 K erkennbar.

Beispiel 5.6

Ein Empfänger arbeitet zufriedenstellend, wenn das Signal-Rauschverhältnis vor dem Demodulator besser als 40 dB ist. Die Rauschzahl der Eingangsstufe des Empfängers sei 10 dB bei einer Dämpfung von 8 dB. Die Folgestufe habe eine Rauschzahl von 3 dB und hohe Verstärkung. Die Empfangssituation ist durch eine Eingangsrauschtemperatur von 7°C und einem Signal-Rauschverhältnis von 10^5 gekennzeichnet. Ist der Empfänger in der vorliegenden Form brauchbar oder muß ein Vorverstärker eingesetzt werden? Welche Hauptgesichtspunkte spielen im letzteren Fall bei der Auswahl eines Vorverstärkers eine Rolle? Nehmen Sie an, daß die Bandbreite für alle Stufen gleich ist und daß Rauschzahlen auf 290 K bezogen sind.

Lösung

Die Blockschaltung des gegebenen Empfängers zeigt Bild 5.20. Die Gesamtrauschzahl ist gegeben durch

$$F_{290} = F_1 + \frac{F_2 - 1}{G_1}$$

mit $F_1 = 10$, $F_2 = 2$, $G_1 = 1/L = 1/6{,}31$, wobei L die Dämpfung darstellt.

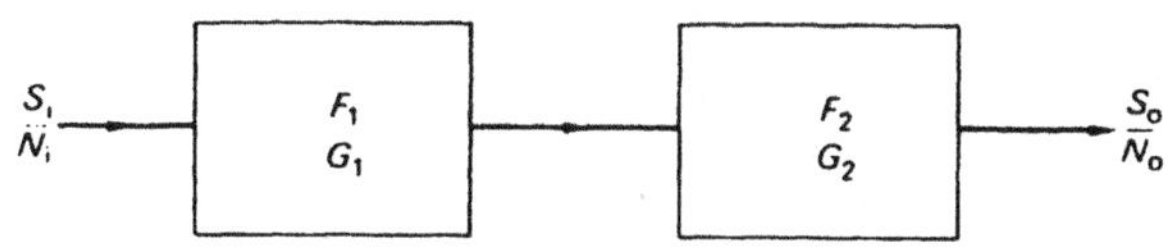

Bild 5.20 Schaltung zu Beispiel 5.6

Setzt man die Zahlenwerte ein, erhält man

$$F_{290} = 10 + \frac{2 - 1}{1/6{,}31} = 16{,}31$$

Bezieht man dies auf die Eingangstemperatur von 7° C (T = 280 K), wird

$$F_{280} = 1 + (F_{290} - 1)\frac{290}{280} = 1 + 15{,}31 \cdot \frac{290}{280}$$

$$= 16{,}8$$

Wegen $$F_{280} = \frac{S_i/N_i}{S_o/N_o}$$

wird $$S_o/N_o = \frac{10^5}{16{,}8} < 10^4 \equiv 40 \text{ dB}$$

In der gegebenen Anordnung ist der Empfänger also nicht brauchbar; man benötigt einen Vorverstärker. Die Spezifikationen für diesen müssen so gewählt werden, daß die Gesamtrauschzahl der Anordnung < 10 wird. Es sei F die Rauschzhal des Vorverstärkers mit der Verstärkung G; dann gilt

$$F_{290} = F + \frac{9}{G} + \frac{6{,}31}{G}$$

Überprüft man diese Gleichung mit F = 8 und G = 10, erhält man $F_{290} = 9{,}53$ und $F_{280} = 9{,}84 < 10$. Mit $F \leq 8$ und $G \geq 10$ für den Vorverstärker erhält man die gewünschten Empfangseigenschaften $S_o/N_o > 10^4 \equiv 40$ dB.

5.8 Messung der Rauschtemperatur (31)

Üblicherweise verwendet man zur Vermessung der effektiven Rauschtemperatur T_a von Antennen die Y-Faktor-Methode. Das Prinzip der Methode beruht auf dem Vergleich der von der Antenne empfangenen Rauschleistung mit der Leistung einer Standardrauschquelle. Aus dem Verhältnis dieser Rauschleistungen kann die Antennentemperatur T_a bestimmt werden. Das Blockschaltbild des Meßplatzes ist in Bild 5.21 dargestellt.

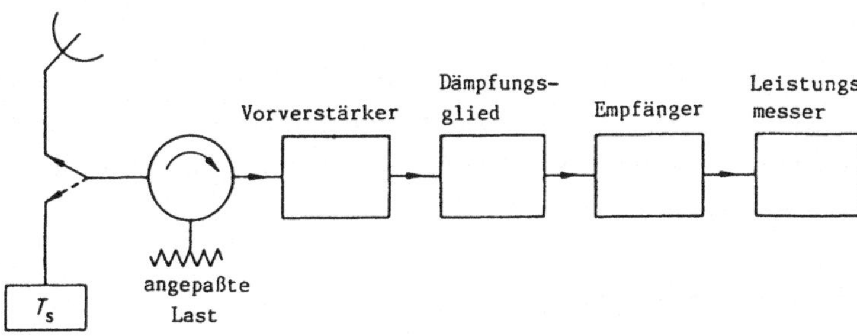

Bild 5.21 Meßaufbau zur Messung der Antennenrauschtemperatur

Schaltet man die flüssigkeitsgekühlte Last mit T_s auf den Eingang, so zeigt das Wattmeter ausgangsseitig die Rauschleistung N_s. Wird dann die Antenne auf den Eingang gelegt, so ist die Ausgangsrauschleistung N_a. Das Verhältnis N_s/N_a wird mit Y abgekürzt; die Empfängerrauschtemperatur sei T_R. Dann läßt sich schreiben

$$Y = \frac{N_s}{N_a} = \frac{k(T_s + T_R)B}{k(T_a + T_R)B}$$

wobei B die Bandbreite des Meßempfängers ist. Nach Kürzen und und Umstellen wird

$$Y = \frac{T_s + T_R}{T_a + T_R}$$

oder $$YT_a + TY_R = T_s + T_R$$

also $$T_a = \frac{T_s + T_R(1 - Y)}{Y}$$

Zur Messung der Empfängertemperatur T_R vergleicht man die Ausgangsrauschleistung N_h einer heißen Last z.B. mit Zimmertemperatur T_h am Eingang mit der Ausgangsrauschleistung N_s der auf T_s gekühlten Standardlast. Ist das

Verhältnis dieser beiden Rauschleistungen Y', so hat man

$$Y' = \frac{N_h}{N_s} = \frac{k(T_h + T_R)B}{k(T_s + T_R)B}$$

umgestellt $Y'T_s + Y'T_R = T_h + T_R$

oder $Y'T_R - T_R = T_h - Y'T_s$

also $T_R = \frac{T_h - Y'T_s}{(Y' - 1)}$

T_R kann also angegeben werden, da die Größen Y', T_h und T_s direkt gemessen werden können. Der Wert der Antennentemperatur läßt sich nun auch bestimmen, indem man die bekannten Zahlenwerte für T_s, T_R und Y in die vorherige Formel einsetzt.

5.9 Excess noise ratio (ENR) (32)

Rauschgeneratoren für Mikrowellen sind Gasentladungsröhren oder heutzutage Festkörperrauschquellen, die die Zimmertemperatur als die Standardbezugstemperatur verwenden. Schaltet man diese Rauschquellen aus, so rauschen sie mit Standardtemperatur T_o; im eingeschalteten Zustand rauschen sie mit der heißen Temperatur T_h. Die letzte Formel des vorigen Abschnitts stellt den Zusammenhang zwischen T_R und der Rauschzahl F her. Es gilt

$$T_R = \frac{T_h - Y'T_o}{(Y' - 1)} = (F - 1)T_o$$

oder $F - 1 = \frac{(T_h/T_o) - Y'}{(Y' - 1)}$

also $F = \frac{(T_h/T_o) - 1)}{(Y' - 1)}$

Der Zähler dieses Ausdrucks ist ein Maß für die Ausgangsrauschleistung der Rauschquelle, den man excess noise ratio (ENR), also Überschußrauschverhältnis nennt und den man für die Rauschquelle in dB angibt.

$$ENR = 10 \log(T_h/T_o - 1)dB$$

Mit dieser Größe und nach Messung des Y-Faktors eines Verstärkers oder Empfängers Y' läßt sich seine Rauschzahl unmittelbar in dB angeben:

$$F = ENR - 10 \log(Y' - 1)dB$$

Festkörperrauschquellen sind Halbleiter p-n-Dioden, die im Avalanchegebiet arbeiten. Der Zufallsprozeß des Avalanchedurchbruchs, nämlich die dabei auftretende Vervielfachung der Ladungsträger, generiert Schwankungen im Avalanchestrom, die weißem Rauschen in einem breiten Frequenzband entsprechen. Solche Dioden arbeiten bei Sperrspannungen von 20 bis 30 V und mit konstanten Sperrströmen von 5 bis 20 mA.

Der gewünschte Frequenzbereich der Rauschquellen bestimmt die Auswahl zwischen Gasentladungsröhren und Festkörperquellen. Für den Laborbetrieb bis 18 GHz und auch darüberhinaus haben die verfügbaren Festkörperrauschquellen neben Kostenvorteilen auch weitere Vorzüge wie geringe Abmessung, geringe Masse und geringeren Leistungsverbrauch. Solche Rauschquellen sind bei verschiedenen Frequenzwerten kalibriert und haben ENR-Werte um 15 dB z.B. im Frequenzbereich 1 - 12,4 GHz, manche auch um 40 dB. Man benutzt sie, um Rauschzahlen von Verstärkern, Mischern oder Empfängern zu bestimmen, und auch, um die Betriebsgüte von Radar- und Kommunikationssystemen zu überwachen.

6 Systeme

Die im Rahmen irgendeines Kommunikationssystems abgesendeten Signale werden immer zusammen mit einem Rauschanteil empfangen; das Rauschen kann demnach nicht vollständig eliminiert werden. Um also die Systemgüte anzugeben oder um verschiedene Kommunikationssysteme zu vergleichen, verwendet man als Kriterium das Signal-Rauschverhältnis am Ausgang des Systems, wie bereits in einem früheren Kapitel erwähnt.

In vielen Fällen ist die gebräuchlichste Definition des Signal-Rauchverhältnisses der Quotient aus mittlerer Signalleistung und mittlerer Rauschleistung im System, obwohl manchmal auch andere Definitionen benutzt werden können. In diesem Kapitel wird das Signal-Rauschverhältnis oft als S/N geschrieben; man vergleicht üblicherweise die Verhältnisse am Ein- und Ausgang eines Empfangssystems und bezeichnet sie mit S_i/N_i bzw. S_o/N_o.

Die meisten Kommunikationssysteme arbeiten mit analoger Modulation oder Pulsmodulation. Die Bestimmung des S/N-Verhältnisses bei verschiedenen Systemen führt auf unterschiedliche Werte. Die Güte eines Systems kann anhand dieses Wertes beurteilt werden; für beste Eigenschaften muß das S/N-Verhältnis so groß wie möglich sein. Kleine S/N-Verhältnisse zeigen an, daß bedeutende Rauschanteile vorhanden sind, die die Brauchbarkeit des Systems stark beeinträchtigen, während hohe S/N-Verhältnisse darauf hinweisen, daß der Einfluß des Rauschens geringfügig und praktisch bedeutungslos ist.

Zunächst werden typische S/N-Verhältnisse analoger Systeme wie AM, DSBSC, SSB und FM betrachtet und die jeweiligen Vorzüge der Systeme verglichen. Anschließend werden Pulssysteme wie PAM, PDM und PPM untersucht und ebenso verglichen. Im Fall des PCM-Systems wird statt anderer im System vorhandener Rauschanteile zweckmäßigerweise der Störeffekt von Fehlern aufgrund des Quantisierungsrauschens in Betracht gezogen; dies wird mittels Wahrscheinlichkeitsrechnung durchgeführt. Weiterhin soll der Begriff der Nachrichtenrate als brauchbares Gütekriterium in einem speziellen System vorgestellt werden. Wie bereits früher erwähnt, ist es manchmal zweckmäßiger, die Verhältnisse E/N_0 und C/N_0 zu verwenden. Diese Verhältnisse sollen betrachtet werden, wenn am Ende dieses Kapitels digitale und Satellitensysteme behandelt werden.

6.1 Analoge Systeme

(33,34)

Die bekanntesten Systeme sind Amplitudenmodulation (AM), Zweiseitenbandmodulation mit unterdrücktem Träger (DSBSC, double-sideband suppressed carrier), Einseitenbandmodulation mit unterdrücktem Träger (SSBSC, single-sideband suppressed carrier) und Frequenzmodulation (FM).

AM - System

Hier sind Träger und beide Seitenbänder vorhanden. Für große Signal-Rauschverhältnisse S_i/N_i am Eingang des Empfängers wird zweckmäßigerweise das zugehörige Verhältnis S_o/N_o am Ausgang des Detektors bzw. Demodulators betrachtet. Der meistbenutzte Detektor ist bei S_i/N_i-Verhältnissen größer als ca. 10 dB der Hüllkurvendetektor. Am Detektoreingang ist das AM-Signal gegeben durch die Beziehung

$$v_i(t) = V_c\ (1 + m \sin \omega_m t) \sin \omega_c t$$

Darin ist V_c der Spitzenwert der Trägerspannung mit der Frequenz $\omega_c/(2\pi)$, m der Modulationsgrad und $\omega_m/(2\pi)$ die Modulationsfrequenz. Die mittlere Seitenbandeingangsleistung des Hüllkurvendetektors beträgt

$$S_i = \frac{m^2}{2} \cdot \frac{V_c^2}{2} = \frac{m^2 V_c^2}{4}$$

Bei einer ZF-Bandbreite 2B (B ist die höchste Modulationsfrequenz) gilt für die Ausgangsspannung des idealen Hüllkurvendetektors

$$v_o(t) = mV_c \sin \omega_m t$$

Die damit verknüpfte mittlere Signalleistung ist

$$S_o = m^2 V_c^2/2$$

Nimmt man nun an, das Eingangsrauschen habe eine gleichförmige Spektralverteilung wie weißes Rauschen, so können die Rauschanteile innerhalb der Bandbreite δf wie eine einzelne Spektrallinie im Zentrum des Bandes δf mit der gleichen Gesamtrauschleistung behandelt werden, siehe Bild 6.1

Ist S(f) die Rauschleistungsdichte, so ist die Leistung innerhalb der Bandbreite δf, die der einzelnen Spektrallinie zugeordnet werden soll, gegeben durch $S(f)\ \delta f = N_0\ \delta f$ wobei N_0 die Rauschleistungsdichte in Watt/Hz darstellt. Man kann nun für die einzelne Rauschspannungskomponente ansetzen

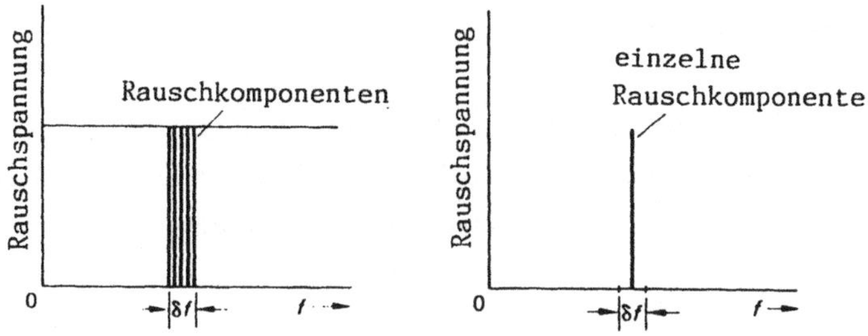

Bild 6.1 Zuordnung der Rauschleistung zu einer Rauschkomponente

$$v_n(t) = V_n \sin 2\pi(f_{IF} + f_n)t$$

wobei f_{IF} die ZF-Frequenz, f_n die Frequenz der einzelnen Rauschkomponente mit dem Spitzenwert V_n und $N_0\ \delta f = V_n^2/2$ ist.

Läßt man $\delta f \to 0$ gehen, so überdecken alle Rauschkomponenten das ZF-Band mit der Bandbreite 2B und die gesamte Rauschleistung ist

$$N_i = \int_{-B}^{+B} N_0\ \delta f = 2N_0B$$

Damit gilt für das Signal-Rauschverhältnis am Eingang

$$\frac{S_i}{N_i} = \frac{m^2V_c^2}{4}/(2N_0B) = \frac{m^2V_c^2}{8N_0B} = \frac{m^2P_c}{4N_0B}$$

mit der mittleren Trägerleistung P_c.

Um die Ausgangsrauschleistung des Detektors zu bestimmen, macht man sich klar, daß jede Rauschkomponente in der Bandbreite δf zusammen mit dem Träger Schwebungen verursacht. Die resultierende Spannung kann nährerungsweise mit

$$v_n(t) = V_c\ [1 + (V_n/V_c)\cos \omega_n t]\ \sin \omega_c t$$

angegeben werden, wenn $V_c >> V_n$. Wird dies dem Detektor angeboten, ist seine Ausgangsrauschspannung $n_o(t) = V_n \cos \omega_n t$. Die mittlere Rauschleistung δN_o in der Bandbreite δf ist, wie bereits früher gezeigt

$$\delta N_o = V_n^2/2 = N_0\delta f$$

Über die ganze ZF-Bandbreite integriert, ergibt sich

$$N_o = \int_{-B}^{+B} N_0 \, df = 2N_0B$$

Damit ist auch das Signal-Rauschverhältnis am Ausgang bekannt.

$$\frac{S_o}{N_o} = \frac{m^2V_c^2}{2}/2N_0B = \frac{m^2V_c^2}{4N_0B} = \frac{m^2P_c}{2N_0B}$$

Es ist doppelt so groß wie am Eingang, also

$$(S_o/N_o)_{AM} = 2(S_i/N_i)_{AM}$$

Der Modulationsgewinn am Detektor (ohne Berücksichtigung der Trägerleistung) ist also 3 dB. Diese Verbesserung kommt durch die Tatsache zustande, daß sich die Signalanteile der Seitenbänder arithmetisch, die voneinander unabhängigen Rauschanteile in jedem Seitenband sich dagenen quadratisch addieren.

DSBSC - System

Der einzige Unterschied zum vorher diskutierten AM-System ist die hier fehlende Trägerkomponente. Gleiche mittlere Leistungen in den Seitenbändern beider Systeme vorausgesetzt ergibt die gleichen Signal-Rauschverhältnisse S_o/N_o, also

$$(S_o/N_o)_{DSBSC} = (S_o/N_o)_{AM}$$

und

$$(S_o/N_o)_{DSBSC} = 2(S_i/N_i)_{DSBSC}$$

wenn Synchrondemodulation benutzt wird.

Vergleicht man die Systeme bei gleicher gesendeter Leistung, so steckt im AM-Signal die Trägerleistung, die im DSBSC-System den Seitenbändern zugute kommt. Da bei 100 % Modulation die gesamte AM-Leistung dreimal so groß wie die Leistung in einem Seitenband ist, gilt

$$(S_o/N_o)_{DSBSC} = 3(S_o/N_o)_{AM}$$

In praktischen Systemen ist die Obergrenze oft nicht durch die mittlere sondern vielmehr durch die Spitzenleistung gegeben. Vergleicht man nun beide Systeme auf der Basis der Spitzenleistung, läßt sich zeigen, daß

$$(S_o/N_o)_{DSBSC} = 4(S_o/N_o)_{AM}$$

gilt, was eine Verbesserung von 6 dB gegenüber AM bedeutet.

SSB - System

Der Ausdruck für ein Einseitenbandsignal ist $v(t) = V_m \cos(\omega_c \pm \omega_m)t$, wobei das obere Vorzeichen für das obere Seitenband und das untere für das untere Seitenband gilt. Mischt man dies Signal mit einem synchronen Träger in die Basisbandlage, so werden die Frequenzanteile in HF-Lage (Signal und Rauschen) in die Audiofrequenzlage verschoben. Es liegt also nur eine Frequenzänderung der Signal- und Rauschkomponenten vor und so gilt

$$(S_o/N_o)_{SSB} = (S_i/N_i)_{SSB}$$

Auf der HF-Seite wird im Vergleich zum Zweiseitenbandsystem nur die halbe Bandbreite benötigt. Ein entsprechend schmalbandiges Filter halbiert damit die Eingangsrauschleistung am Demodulator, so daß gilt

$$(S_i/N_i)_{SSB} = 2(S_i/N_i)_{DSBSC}$$

Kombiniert man obige Gleichungen, erhält man

$$(S_o/N_o)_{SSB} = (S_i/N_i)_{SSB} = 2(S_i/N_i)_{DSBSC}$$

Vergleicht man also bei gleicher mittlerer Seitenbandleistung so gilt

$$(S_o/N_o)_{SSB} = (S_o/N_o)_{DSBSC} = (S_o/N_o)_{AM}$$

Wird jedoch bei gleicher Spitzensendeleistung verglichen, so läßt sich zeigen, daß

$$(S_o/N_o)_{SSB} = 8(S_o/N_o)_{AM}$$

gilt, was eine Verbesserung von 9 dB gegeüber AM bedeutet.

Beispiel 6.1

Analysieren Sie die Arbeitsweise eines Hüllkurvendetektors und eines Synchrondemodulators bei der Demodulation eines amplitudenmodulierten Trägersignals bei sehr geringem Signal- Rauschverhältnis. Leiten Sie in beiden Fällen einen Ausdruck für das Signal-Rauschverhältnis am Ausgang her.

Erläutern Sie, warum das Ausgangssignal des Synchrondemodulators bei starkem Rauschen noch brauchbar ist während das des Hüllkurvendemodulators bereits unbrauchbar ist.

Lösung

Das zusammen mit weißem Rauschen empfangene AM-Signal kann, nachdem es den ZF-Bandpaß durchlaufen hat, wie folgt dargestellt werden

$$v(t) = \{V_c + m(t)\} \sin \omega_c t + n(t)$$

m(t) ist das modulierende Signal und n(t) bandbegrenztes weißes Rauschen. Letzteres wird durch seine Komponenten x(t) (in Phase mit dem Träger) und y(t) (in Quadraturphase) ausgedrückt, siehe auch Bild 6.2(a).Man kann also schreiben

$$v(t) = \{V_c + m(t)\} \sin \omega_c t + x(t) \sin \omega_c t + y(t) \cos \omega_c t$$

$$v(t) = (\{V_c + m(t)\} + x(t)) \sin \omega_c t + y(t) \cos \omega_c t$$

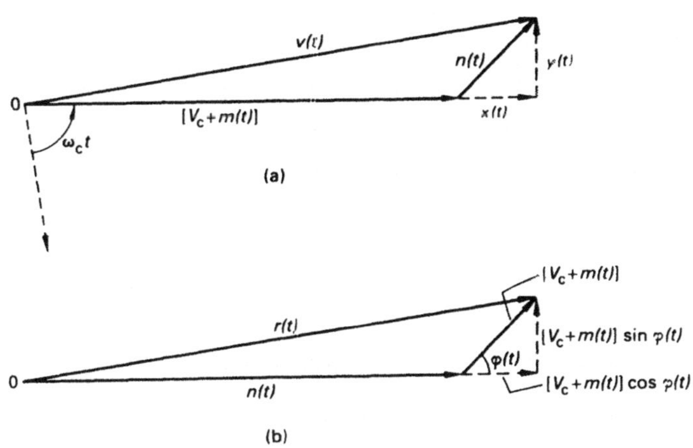

Bild 6.2 Zeigerdiagramme für verrauschte AM-Signale (a) bei großen und (b) bei kleinem S/N-Verhältnis.

Synchrondemodulator

Das Signal v(t) wird mit einem trägersynchronen Signal $v_c(t) = \sin \omega_c t$ multipliziert. Das Ausgangssignal ist dann

$$v_d(t) = (\{V_c + m(t)\} + x(t))\sin^2 \omega_c t + y(t)\sin \omega_c t \cos \omega_c t$$

$$v_d(t) = (\{V_c + m(t)\} + x(t)) \left(\frac{1 - \cos 2\omega_c t}{2}\right) + \frac{1}{2}\, y(t) \sin 2\omega_c t$$

Ein Tiefpaß unterdrückt die hochfrequente Komponente bei doppelter Trägerfrequenz und ein Koppelkondensator eliminiert den Gleichstromanteil. Damit wird daraus

$$v_o(t) = m(t)/2 + x(t)/2$$

Die Ausgangsspannung $v_o(t)$ enthält das aufmodulierte Signal und additives Rauschen. Dies Ergebnis ist unabhängig von Signal-Rauschverhältnis am Eingang, da dies nicht in die Rechnung eingeht. Das Signal-Rauschverhältnis am Detektorausgang ist damit gegeben durch

$$(S_o/N_o)_{AM} = \frac{\overline{m^2(t)}}{\overline{x^2(t)}}$$

Hüllkurvendemodulator

Das Zeigerdiagramm in Bild 6.2(b) gilt für kleine S/N-Verhältnisse; die Rauschkomponente n(t) bildet die Phasenreferenz. Das resultierende Signal r(t) ist das Eingangssignal des Hüllkurvendetektors. Es läßt sich schreiben

$$r(t) = n(t) + [V_c + m(t)] \cos \phi(t) + j\,[V_c + m(t)] \sin \phi(t)$$

$\phi(t)$ ist ein beliebiger Phasenwinkel, der ständig zwischen 0 und 2π aufgrund der zufälligen Phase des bandbegrenzten Rauschens n(t) variiert.

Da S_i/N_i klein ist, gilt für den Detektorausgang näherungsweise

$$v_o(t) \simeq n(t) + [V_c + m(t)]\cos \phi(t)$$

$$= n(t) + V_c \cos \phi(t) + m(t)\cos \phi(t)$$

Wie man erkennt, enthält das Ausgangssignal nicht explixit das aufmodulierte Signal, denn der letzte Term hängt von dem Winkel $\Phi(t)$ ab, der zwischen 0 und 2π schwankt. Die Modulation kann also nicht direkt zurückgewonnen werden; sie geht vielmehr verloren, wenn $S_i \ll N_i$. Dies nennt man den AM-Schwelleneffekt. Im betrachteten Fall ist $(S_o/N_o)_{AM} \simeq 0$.

Anmerkung

Die oben erzielten Ergebnisse zeigen, daß im Falle des Synchrondemodulators keine AM-Schwelle besteht, die Modulation auch bei noch so kleiner Eingangssignalleistung immer vorhanden ist. Im Falle des Hüllkurvendetektors geht die Modulation unterhalb der AM-Schwelle verloren, am Ausgang ist dann nur noch Rauschen vorhanden. Der Synchrondemodulator kann also noch brauchbar sein auch wenn $S_i < N_i$.

FM-System

Der Ausdruck für ein FM-Signal am Eingang des Diskriminators eines FM-Empfängers ist

$$v_i(t) = V_c \sin(\omega_c t - (\Delta f/f_m)\cos \omega_m t)$$

$$= V_c \sin(\omega_c t + \phi)$$

Darin ist $\phi = -(\Delta f/f_m)\cos \omega_m t$, Δf ist die Amplitude der Frequenzänderung, also der Hub, und ω_m ist die Modulationskreisfrequenz.

Eine Phasenänderung ϕ entspricht einer Frequenzänderung von $(1/2\pi)d\phi/dt$; die Ausgangsspannung $v_o(t)$ des Diskriminators ist damit proportional $(1/2\pi)d\phi/dt$. Es gilt also

$$v_o(t) = K \frac{1}{2\pi}\frac{d\phi}{dt} = \frac{K}{2\pi}\frac{\Delta f \omega_m}{f_m} \sin \omega_m t$$

$$v_o(t) = K\, \Delta f \sin \omega_m t$$

K ist eine Proportionalitätskonstante. Die mittlere Signalleistung S_o ist

$$S_o = \frac{K^2 \Delta f^2}{2} \quad \text{Watt}$$

Um nun den Einfluß von weißem Rauschen zu erfassen, beachtet man, daß sich jede Frequenzkomponente des Rauschsignals der Trägerfrequenz überlagert und damit Amplituden- und Winkelmodulation verursacht, wie in Bild 6.3 dargestellt.

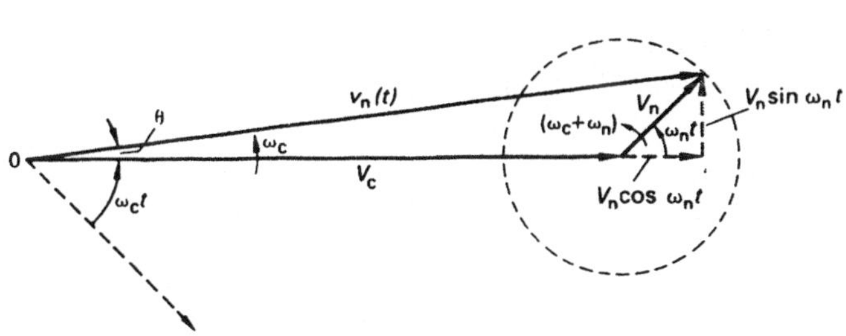

Bild 6.3 Zeigerdiagramm für verrauschtes FM-Signal

Hat die Rauschkomponente den Amplitudenwert V_n mit $V_c >> V_n$, erhält man

$$v_n(t) = (V_c + V_n \cos \omega_n t) + jV_n \sin \omega_n t$$

$$= V_c \{\{1 + (V_n/V_c)\cos \omega_n t\} + j(V_n/V_c)\sin \omega_n t\}$$

oder $$v_n(t) \simeq V_c \sin(\omega_c t + \theta)$$

mit $$\theta = \text{arc tan} \frac{(V_n/V_c)\sin \omega_n t}{1 + (V_n/V_c)\cos \omega_n t} \simeq (V_n/V_c)\sin \omega_n t$$

Die Nährung gilt wegen $V_c >> V_n$.

Die Rauschspannung am Ausgang des Diskriminators $v_d(t)$ ist proportional der Frequenzmodulation, die das Rauschsignal $v_n(t)$ verursacht; sie steht mit der Phasenmodulation im Zusammenhang gemäß

$$v_d(t) = K \frac{1}{2\pi} \frac{d\theta}{dt} = K \frac{V_n}{V_c} f_n \cos \omega_n t$$

Die mittlere Ausgangsrauschleistung δN_o in der Bandbreite δf ist damit gegeben durch

$$\delta N_o = \frac{K^2 V_n^2 f_n^2}{2V_c^2}$$

Weiter vorn wurde gezeigt, daß $N_0\ \delta f = V_n^2/2$ und $P_c = V_c^2/2$ die mittlere Trägerleistung ist. Man erhält also

$$\delta N_o = \frac{K^2 (N_0 \delta f) f_N^2}{2P_c}$$

Für die gesamte Ausgangsrauschleistung N_o in der ZF-Bandbreite ± B Hz gilt das Integral

$$N_o = \int_{-B}^{+B} \frac{K^2 (N_0 \delta f) f_n^2}{2P_c} = \frac{K^2 N_0}{2P_c} \int_{-B}^{+B} f_n^2\, df$$

$$= \frac{K^2 N_0 B^3}{3P_c}$$

Damit läßt sich nun das Signal-Rauschleistungsverhältnis am Ausgang angeben:

$$(S_o/N_o)_{FM} = \frac{K^2\Delta f^2}{2} \Big/ \frac{K^2 N_0 B^3}{3P_c} = 3\left(\frac{\Delta f}{B}\right)^2 \frac{P_c}{2N_0 B}$$

$$= 3m_f^2 \frac{P_c}{2N_0 B}$$

$m_f = \Delta f/B$ ist der Modulationsindex des FM-Systems.

Um dies mit einem AM-System zu vergleichen, wird angenommen, daß m = 1 im AM-System 100 % Hub im FM-System entspricht. Die Ausgangsrauschspannung eines AM-Systems hat Rechteckverteilung, siehe Bild 6.4(a) während die eines FM-Systems eine dreieckförmige Verteilung hat. Die dazugehörigen Rauschleistungen sind in Bild 6.4(b) gezeigt.

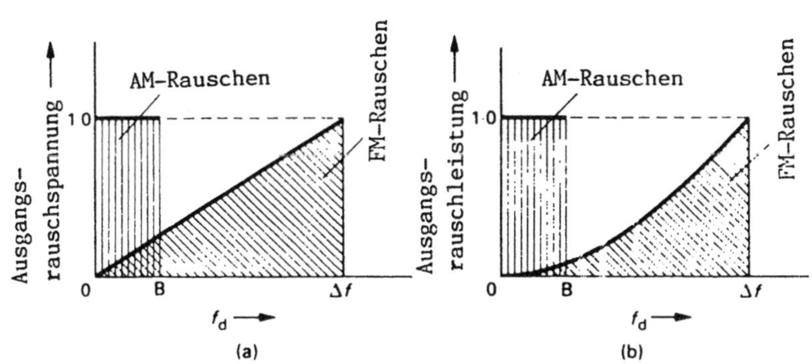

Bild 6.4 Vergleich AM- und FM-System (a) Ausgangsrauschspannung und (b) Ausgangsrauschleistung.

Weiter vorn wurde gezeigt, daß das S/N-Verhältnis am Ausgang eines Hüllkurvendetektors für AM gegeben ist durch

$$(S_o/N_o)_{AM} = \frac{m^2 P_c}{2N_0 B} = \frac{P_c}{2N_0 B} \quad \text{für } m = 1$$

Das entsprechende Verhältnis bei FM lautet

$$(S_o/N_o)_{FM} = 3m_f^2 \frac{P_c}{2N_0 B}$$

Für den Quotienten beider Ausdrücke ergibt sich

$$\frac{(S_o/N_o)_{FM}}{(S_o/N_o)_{AM}} = \frac{3m_f^2 P_c}{2N_0 B} \Big/ \frac{P_c}{2N_0 B} = 3m_f^2$$

Speziell wird bei $\Delta f = 75$ kHz und $B = 15$ kHz der Modulationsindex $m_f = 5$. Die Verbesserung des Signal-Rauschverhältnisses, also der Modulationsgewinn von FM gegenüber AM ist $3 \cdot 25 = 75$ oder 19 dB. Der Faktor 75 kann weiter erhöht werden, wenn man sendeseitig Preemphasis und im Empfänger Deemphasis einsetzt. Es läßt sich zeigen *, daß dies nochmals 4 dB ausmacht. Die Signal-Rauschverbesserung verglichen mit AM ist also insgesamt 23 dB.

6.2 Signal-Rauschverhältnisse

Typische Kurven für Signal-Rauschverhältnisse sind in Bild 6.5 gezeigt. Dabei ist angenommen, daß bei jedem System die gleiche Rauschbandbreite am Eingang vorliegt. Man erkennt, daß für niedrige Werte S_i/N_i das AM-System am besten ist; oberhalb der FM-Schwelle (ca. 10 dB) ist ein FM- einem AM-System hinsichtlich S_i/N_i überlegen. Um jedoch große Werte S_o/N_o zu erzielen, setzt man vorteilhaft PCM ein. Als Vergleich ist ein ideales System eingetragen; dies ist immer noch um 8 bis 10 dB besser als FM- oder PCM-Systeme.

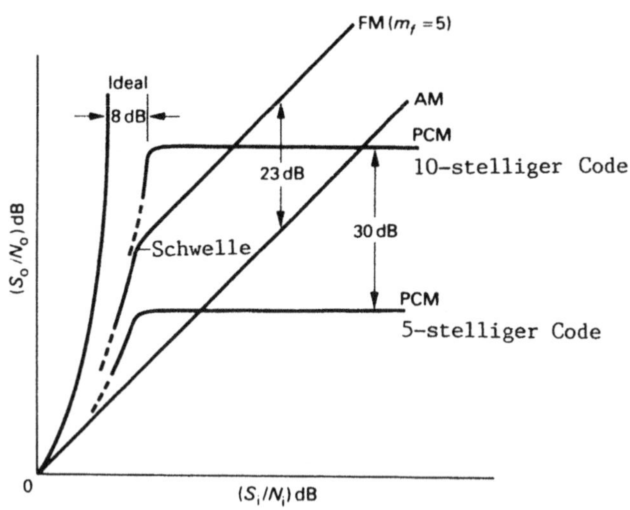

Bild 6.5 Vergleich verschiedener Systeme

* Siehe F.R. Connor: Modulation, E. Arnold 1982, deutsche Übersetzung bei Vieweg

6.3 Pulssysteme (35,36)

Die bekanntesten Pulssysteme sind Pulsamplitudenmodulation (PAM), Pulsphasenmodulation (PPM) und Pulscodemodulation (PCM).

PAM-System

Pulsamplitudenmodulation wird häufig in den ersten Stufen von PPM- oder PCM-Systemen verwendet, da die Multiplexbildung sehr einfach durchzuführen ist. Jedoch wird das Gesamtsystem generell nicht als PAM-System konzipiert, da die erzielbaren S/N-Verhältnisse in den anderen Systemen besser sind.

Man kann zeigen, daß die Ergebnisse bei PAM ganz ähnlich den schon vorher bei AM erzielten sind. Da das Rauschen direkt die Pulsamplitude beeinflußt, erscheint es als Amplitudenmodulation im System genauso, wie das modulierende Signal. Es gilt also

$$(S_o/N_o)_{PAM} = 2(S_i/N_i)_{PAM}$$

PPM-System

Bei der Pulsphasenmodulation verursacht die modulierende Spannung eine zeitliche Verschiebung der einzelnen Impulse. Um nun das S/N-Verhältnis zu bestimmen, wird angenommen, daß die maximale Zeitverschiebung auf Grund der Modulation t_o beträgt, die Amplitude der Signalspannung also Kt_o ist, wobei K eine Proportionalitätskonstante darstellt. Die mittlere Signalleistung am Detektorausgang ist also

$$S_o = K^2 t_o^2/2$$

Rauschanteile im Signal bewirken eine Veränderung der Zeitverschiebung, was zu einem Fehler ε führt, wie in Bild 6.6 dargestellt. Der Effektivwert der Rauschspannung, der den Fehler ε verursacht, führt zu einer effektiven Zeitverschiebung Δt, so daß gilt

$$\frac{\varepsilon}{V_c} = \frac{\Delta t}{t_r} \quad \text{wenn } V_c \gg \varepsilon$$

wobei V_c der Amplitudenwert des Impulses und t_r die Anstiegszeit der vorderen Impulsflanke, die die Imformation trägt, ist.

Der Effektivwert der Ausgangsrauschspannung ist dann $K\,\Delta t$ und somit die mittlere Ausgangsrauschleistung des Detektors

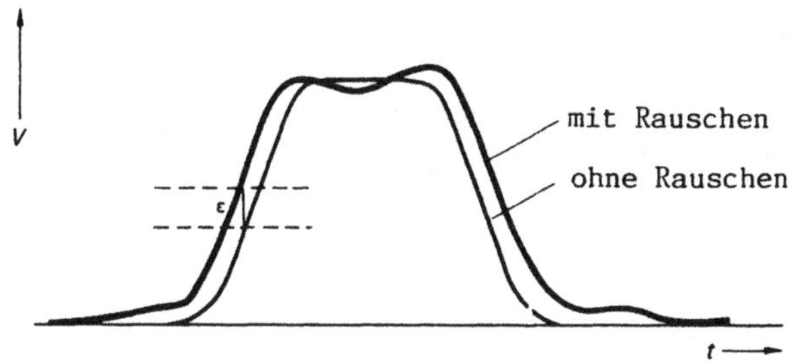

Bild 6.6 Verformung des Einzelimpulses durch Rauschen

$$N_o = K^2 \Delta t^2$$

Das gesuchte Verhältnis wird demnach

$$(S_o/N_o)_{PPM} = \frac{K^2 t_o^2}{2} \cdot \frac{1}{k^2 \Delta t^2} = \frac{t_o^2}{2\Delta t^2}$$

Damit man eine gut detektierbare steile Impulsflanke erhält, muß die Bandbreite des zur Demodulation benötigten Filters $B = 1/(2t_r)$ betragen. Man kann dann schreiben

$$(S_o/N_o)_{PPM} = 2t_o^2 V_c^2 B^2/\varepsilon^2$$

Nun ist $V_c^2/\varepsilon^2 = C_i/N_i$, wobei C_i der Spitzenwert der Trägerleistung und N_i der Mittelwert der Rauschleistung ist. Man erhält

$$(S_o/N_o)_{PPM} = 2t_o^2 B^2 (C_i/N_i)$$

oder $$\frac{(S_o/N_o)_{PPM}}{(C_i/N_i)} = 2t_o^2 B^2$$

Für ein gegebenes Verhältnis C_i/N_i hängt die S/N-Verbesserung von B^2 ab; man erkennt, daß ein besseres S/N-Verhältnis auf Kosten steigender Bandbreite erzielt werden kann, daß B und S/N austauschbar sind im Einklang mit dem Hartley-Shannon'schen Theorem.

PCM-System (37)

In einem PCM-System muß das eingangsseitige Signal-Rauschverhältnis S_i/N_i vernünftigerweise um 20 dB oder besser liegen; der dann vorherrschende Rauscheffekt ist das Quantisierungsrauschen. Zu seiner Herleitung wird ein Schätzwert des durch Quantisierung eingeführten Fehlers bestimmt.

Eine Signalspannung von V Volt (Spitze zu Spitze) soll quantisiert werden und zwar in q gleiche Stufen (gleichförmige Quantisierung) mit der Stufenhöhe ΔV Volt. Ein beliebiger Signalpegel 1 + ε wird mit einer Unsicherheit bzw. einem Fehler ε behaftet sein, für den die Ungleichung $-\Delta V/2 < \varepsilon < \Delta V/2$ gilt; 1 ist die Stufenmitte, wie in Bild 6.7 dargestellt.

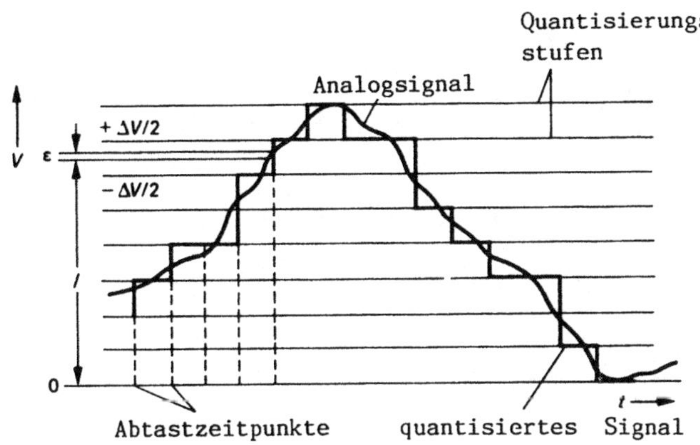

Bild 6.7 Signalquantisierung

Der Fehler ε kann alle möglichen Werte zwischen ± ΔV/2 annehmen und kann als das Signal begleitendes additives Rauschen aufgefaßt werden. Der quadratische Mittelwert des Fehlers stellt also den quadratischen Mittelwert des Quantisierungsrauschens dar. Um ihn zu bestimmen, wird angenommen, daß alle Stufenwerte, über einen längeren Zeitraum betrachtet, eine gleiche Auftrittswahrscheinlichkeit haben, alle also gleichoft auftreten. Damit wird

$$\overline{\varepsilon^2} = \frac{1}{\Delta V} \int_{-\Delta V/2}^{+\Delta V/2} \varepsilon^2 \, d\varepsilon = \frac{\Delta V^2}{12}$$

oder $N_o = \frac{\Delta V^2}{12}$ Watt an einer 1 Ω Last

Um nun die Signalleistung für q Signalpegel mit der Stufung ΔV Volt zu bestimmen, geht man aus von

$$V = (q - 1)\,\Delta V \quad \text{Volt}$$

Nimmt man weiterhin an, daß bipolare Impulse verwendet werden (da dann weniger Leistung verbraucht wird), sind die Impulshöhen ± ΔV/2, ± 3ΔV, ...,

$\pm$ $(q - 1)\Delta V/2$. Man erhält die mittlere Signalleistung bei gleicher Häufigkeit aller Signalpegel in einer langen Nachricht als Summe

$$S_o = \frac{1}{q/2} \left((\Delta V/2)^2 + 3(\Delta V/2)^2 + \ldots + \{(q - 1)\ V/2\}^2\right)$$

$$= \frac{\Delta V^2}{2q} \left(1^2 + 3^2 + 5^2 + \ldots + (q - 1)^2\right)$$

Dies kann umgeschrieben werden

$$S_o = \frac{\Delta V^2}{2q} \left(\{1^2 + 2^2 + 3^2 + \ldots + (q - 1)^2\}\right.$$

$$\left. - 2^2 \{1^2 + 2^2 + \ldots + (\frac{q - 2}{2})^2 \}\right)$$

Es gilt die Summenformel

$$\sum_{n=1}^{m} n^2 = \frac{m\ (m + 1)\ (2m + 1)}{6}$$

die auf die obigen Teilsummen wie folgt angewendet werden kann

$$1^2 + 2^2 + \ldots + (q - 1)^2 = \frac{q\ (q - 1)\ (2q - 1)}{6}$$

$$1^2 + 2^2 + \ldots + (\frac{q - 2}{2})^2 = \frac{q\ (q - 1)\ (q - 2)}{4 \cdot 6}$$

Damit wird

$$S_o = \frac{\Delta V^2}{12q} \left(q\ (q - 1)\ (2q - 1) - q\ (q - 1)\ (q - 2)\right)$$

$$= \frac{\Delta V^2}{12} (q - 1) \left((2q - 1) - (q - 2)\right)$$

$$= \frac{\Delta V^2}{12} (q - 1)\ (q + 1)$$

$$= \frac{\Delta V^2}{12} (q^2 - 1)$$

Also $\quad S_o \simeq \frac{\Delta V^2}{12} q^2 \quad$ für $q >> 1$

Das Signal-Rauschverhältnis auf Grund der Quantisierung wird also

$$(S_o/N_o)_{PCM} \approx \frac{\Delta V^2}{12}(q^2 - 1) \;/\; \frac{\Delta V^2}{12}$$

$$\approx (q^2 - 1)$$

oder $$(S_o/N_o)_{PCM} \approx q^2 \quad \text{für} \quad q >> 1$$

Das Resultat zeigt die quadratische Abhängigkeit von der Anzahl der benutzten Stufungen; für gute S/N-Verhältnisse ist also eine große Stufenanzahl erforderlich. Beispielsweise ist bei $q = 128$ $S_o/N_o \approx (128)^2 \approx 42$ dB. Hierfür benötigt man einen siebenstelligen Code, da $2^7 = 128$.

6.4 Kanalkapazität (38)

Die Kanalkapazität C eines Systems mit der Bandbreite B des Übertragungskanals und dem Signal-Rauschverhältnis S/N ist nach der Formulierung von Hartley-Shannon

$$C = B \log_2(1 + S/N) \quad \text{bit/s}$$

Diese Transinformationsrate kann als die eines idealen Systems angesehen werden, wenn eine Fehlerrate kleiner als 1 in 10^5 bit/s vorausgesetzt ist. Vergleicht man dies mit einem binären PCM-System, bei dem die Abtastfrequenz 2W (W = höchste modulierende Frequenz) und q Quantisierungsstufen verwendet werden, so erkennt man daß der zu übertragene Informationsgehalt H gegeben ist durch

$$H = \log_2 q \quad \text{bit}$$

Bei der Abtastfrequenz 2W wird mindestens ein Impuls pro Abtastperiode gesendet, insgesamt also $n = 2W$ Impulse pro Sekunde. Es ergibt sich damit die Übertragungsrate

$$C = H' = nH = 2W \log_2 q \quad \text{bit/s}$$

oder $$C = B \log_2 q^2 \quad \text{bit/s}$$

da $B = 2W$ die Systembandbreite darstellt.

Weiter vorn war gezeigt worden, daß

$$S_o = \frac{\Delta V^2}{12}(q^2 - 1)$$

oder
$$q^2 = 1 + \frac{12}{\Delta V^2} S_o$$

wobei S_o die mittlere Signalleistung am Ausgang und ΔV der Abstand der Quantisierungsstufen ist.

Wegen des Rauschens können Fehler bei der Unterscheidung zwischen zwei benachbarten Quantisierungsstufen auftreten und zwar umso weniger, je größer der Stufenabstand ist. Ist σ der Effektivwert der Rauschspannung, so ist die Mindeststufung ΔV durch $\Delta V = k\sigma$ gegeben, wobei k eine Proportionalitätskonstante ist, deren Wert von der vorgegebenen Fehlerrate abhängt. Mit der mittleren Rauschleistung N_o in einer 1Ω Last von $N_o = \sigma^2$ wird die Übertragungsrate

$$C = B \log_2(1 + \frac{12}{\Delta V^2} S_o)$$

$$= B \log_2(1 + \frac{12}{k^2} \frac{S_o}{N_o})$$

Der Vergleich mit dem idealen System ergibt für ein binäres PCM-System, daß man um den Faktor $k^2/12$ mehr Signalleistung benötigt als im idealen System.

Man kann zeigen, daß k für eine Fehlerrate 1 von 10^5 ungefähr 9 wird. Also ist $k^2/12 \simeq 7$ oder ca. 8 dB, d.h., daß das PCM-System die 7-fache Signalleistung eines Idealsystems benötigt oder 8 dB Abstand vom Idealsystem aufweist. Sein Wirkungsgrad ist also etwa 14 % verglichen mit dem idealen System. Die Übertragungsraten verschiedener PCM-Systeme sind in Bild 6.8 mit der Kanalkapazität, also der Übertragungsrate des Idealsystems verglichen.

Beispiel 6.2

Zeigen Sie, daß für ein binäres PCM-System das Signal-Rauschverhältnis exponentiell mit der Bandbreite des Übertragungssystems ansteigt.

Lösung

Das ausgangsseitige S/N-Verhältnis eines binären PCM-Systems war weiter vorne bestimmt zu

$$(S_o/N_o)_{PCM} \simeq q^2$$

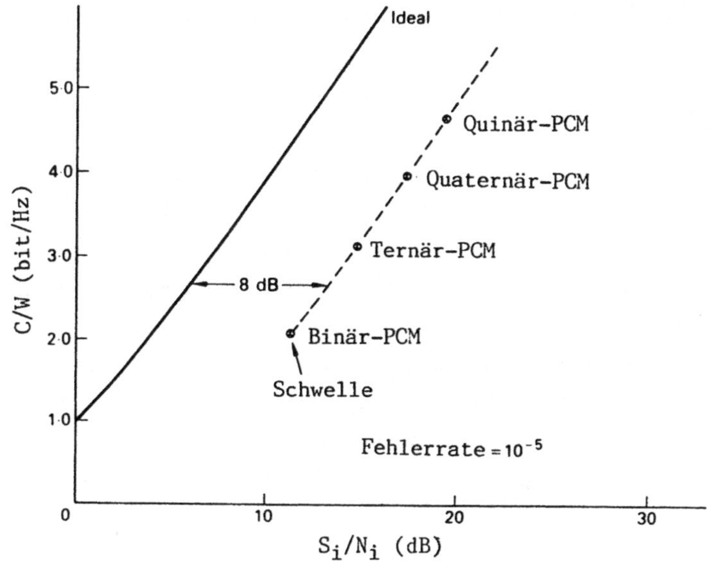

Bild 6.8 Vergleich verschiedener PCM-Systeme

wobei q die Anzahl der Quantisierungsstufen ist.

Bei n-bit-Codeworten müssen 2nB Impulse pro Sekunde übertragen werden; B ist die höchste vorkommende Frequenzkomponente im Signal und 2B die Abtastfrequenz. Ist t die Breite des Einzelimpulses, gilt t = 1/(2nB). Von der Telegrafie her ist bekannt, daß Rechteckschwingungen die Grundfrequenz f = 1/(2t) enthalten. Die benötigte Übertragungsbandbreite B_t ist also gegeben durch

$$B_t = 1/(2t) = nB$$

oder $$n = B_t/B$$

Mit n-bit-Codeworten können $2^n = q$ Quantisierungsstufen unterschieden werden. Man erhält also

$$(S_o/N_o)_{PCM} \simeq q^2 \simeq 2^{2n}$$

$$(S_o/N_o)_{PCM} \simeq 2^{2(B_t/B)}$$

Das S/N-Verhältnis am Ausgang steigt also exponentiell mit der Übertragungsbandbreite. Ein PCM-System kann man besser als andere Systeme machen, indem man das Bandbreitenverhältnis B_t/B steigert.

6.5 Digitale Systeme (39)

In digitalen Nachrichtensystemen wird die Übermittlung mit den zwei Symbolen 0 und 1 bewerkstelligt. Mit diesen Symbolen sind zu übertragende Nachrichten codiert; ein typisches Beispiel ist der Fernschreibcode, der in der Telegrafie benutzt wird. Für jedes übertragene Symbol muß der Empfänger entscheiden, welches der zwei Symbole gesendet wurde. Die durch Rauschen verursachte Wahrscheinlichkeit, daß Fehler auftreten, kann als Kriterium zum Vergleich verschiedener digitaler Systeme herangezogen werden. In Anhang L wird gezeigt, daß die Fehlerwahrscheinlichkeit gegeben ist durch

$$P_e = \frac{1}{2} \operatorname{erfc} \left(\frac{E(1-\rho)}{2N_o}\right)^{1/2}$$

wobei erfc das komplementäre Gaußsche Fehlerintegral ($\operatorname{erfc}(z) = 1 - \operatorname{erf}(z)$), E die pro Bit übertragene Energie, ρ der Korrelationskoeffizient und N_o die spektrale Rauschleistungsdichte ist.

Kohärente Systeme

Bei Amplitudenumtastung (ASK) sei das Signal eingeschaltet, wenn das Symbol 1 übertragen wird, und ausgeschaltet, wenn das Symbol 0 übertragen wird. Die gesendeten Signalformen sind also

$$S_1(t) = A \sin \omega t \quad \text{für Symbol 1}$$

$$S_o(t) = 0 \quad \text{für Symbol 0}$$

Zwischen diesen Signalen besteht keine Korrelation, d.h. $\rho = 0$ und die Energie im 0-Bit ist Null. Damit wird

$$P_e = 1/2 \operatorname{erfc} (E/(4N_o))^{1/2}$$

falls Frequenz und Phasenlage des gesendeten Signals am Empfänger bekannt sind (Kohärenz).

Bei Frequenzumtastung (FSK) werden für die beiden Symbole zwei verschiedene Frequenzen f_o und f_1 verwendet; es gilt also

$$S_1(t) = A \sin \omega_1 t \quad \text{für Symbol 1}$$

$$S_o(t) = A \sin \omega_o t \quad \text{für Symbol 0}$$

Die Detektion kann mit zwei den Signalen angepaßten (matched) Filtern durchgeführt werden. Liegen die Frequenzen genügend weit auseinander, sind die beiden Signale orthogonal, d.h. $\rho = 0$. Es gilt jetzt

$$P_e = 1/2 \text{ erfc } (E/(2N_o))^{1/2}$$

Die Fehlerwahrscheinlichkeit ist kleiner als im vorher betrachteten Fall, wenn Frequenz und Phase jedes Signals am Empfänger bekannt sind und wenn das Verhältnis E/N_o nicht geändert wird *. Der Hauptnachteil von ASK gegenüber FSK ist die Notwendigkeit der automatischen Verstärkungsregelung, um Fadingeffekte am Empfänger auszugleichen.

Bei der binären Phasenumtastung (PSK) werden zwei unterschiedliche Signalphasen, die sich um 180 ^{o} unterscheiden, eingesetzt, so daß gilt

$$S_1(t) = A \sin \omega t \qquad \text{für Symbol 1}$$

$$S_o(t) = - A \sin \omega t \qquad \text{für Symbol 0}$$

Beide Signale sind gleich, jedoch gegenphasig, d.h. nun gilt $\rho = - 1$, und damit erhält man

$$P_e = 1/2 \text{ erfc } (E/N_o)^{1/2}$$

Dies ist der kleinste Wert bei gegebenen E/N_o und bei am Empfangsort bekannter Frequenz und Phase, so daß PSK das optimale System darstellt.

Eine Variante von PSK, die keine kohärente Referenzphase am Empfänger benötigt, ist die Phasendifferenzumtastung (DPSK). Dieses System benutzt das vorher gesendete Bit als Referenz für das folgende Bit. Da jedoch das vorherige Bit durch additives Rauschen gestört ist, ist die Betriebsgüte von DPSK um etwa 2 dB schlechter als bei PSK. Außerdem treten Bitfehler oft paarweise auf, da benachbarte Bits bezüglich der Phasenlage in Beziehung stehen. Man kann zeigen, daß die Fehlerwahrscheinlichkeit gegeben ist durch

$$P_e = 1/2 \ e^{-E/N_o}$$

Um Leistung oder Bandbreite zu sparen sind komplexere Modulationssysteme bekannt, die mehrere Amplituden-, Frequenz- oder Phasenwerte verwenden. Beispielsweise wird oft 4-fach (Quadratur) - Phasenumtastung (QPSK) mit den

* Kohärentes ASK und FSK sind gleichgut, wenn in beiden Fällen der Wert von E/N_o im Mittel gleich ist.

4 Phasenzuständen 45°, 135°, 270° und 315° eingesetzt. Bei großen Werten von E/N_o ist die Betriebsgüte vergleichbar der bei PSK, jedoch wird nur die Hälfte der bei PSK benötigten Bandbreite belegt.

Nichtkohärente Systeme

ASK- und FSK-Systeme können auch benutzt werden, ohne daß am Empfänger ein Referenzsignal zur Verfügung steht. Man erreicht dies durch den Einsatz von Hüllkurvendetektoren und trifft die Entscheidung aufgrund der Größe der Ausgangssignale. Da das Ausgangssignal durch beide Rauschkomponenten gestört wird, nämlich durch die Inphase- als auch die Quadraturphasekomponente, ergibt sich eine gewisse Verschlechterung der Betriebsgüte in solchen nichtkohärenten Systemen. Z. B. ist bei nichtkohärenter FSK die Fehlerwahrscheinlichkeit durch

$$P_e = 1/2\ e^{-E/(2N_o)}$$

gegeben, was eine Verschlechterung von 3 dB gegenüber kohärentem DPSK ist.

Bitfehlerrate (Bit error rate BER)

Weiter vorn ist gezeigt worden, daß die Bitfehlerwahrscheinlichkeit wesentlich vom Verhältnis E/N_o abhängt. Die Bitfehlerrate ist in digitalen Systemen von fundamentaler Bedeutung; sie ist typischerweise in der Größenordnung von 10^{-5} oder kleiner.

Um Fehler in einem Bitstrom zu reduzieren, werden die binären Daten zusammen mit zusätzlichen Prüfstellen in codierter Form übertragen. Dies steigert die Bitrate und reduziert damit das E/N_o-Verhältnis bei festgelegter Sendeleistung. Folglich müßte sich die Fehlerrate erhöhen, wären da nicht die Prüfbits, mit denen sich auch die zusätzlichen Fehler wieder korrigieren lassen. In einem typischen Anwendungsfall erzielt man eine Gesamtreduktion der Bitfehlerrate von 10^{-5} auf 10^{-7}.

Eine summarische Übersicht über die Bitfehlerraten (BER) einiger Systeme gibt Tabelle 6.1. Bild 6.9 zeigt den Zusammenhang zwischen BER und E/N_o für die verschiedenen Systeme.

6.6 Satellitensysteme (40,41)

Die Betriebseigenschaften eines satellitengestützten Kommunikationssystems kann man durch die Leistungsbudgets der Aufwärts- und der Abwärtsstrecke

Tabelle 6.1

System	Typ	BER
ASK	Kohärent	$1/2\ \mathrm{erfc}\ (E/(4N_o))^{1/2}$
FSK	Kohärent	$1/2\ \mathrm{erfc}\ (E/(2N_o))^{1/2}$
PSK	Kohärent	$1/2\ \mathrm{erfc}\ (E/N_o)^{1/2}$
DPSK	Kohärent	$1/2\ e^{-E/N_o}$
QPSK	Kohärent	$\simeq 1/2\ \mathrm{erfc}\ (E/N_o)^{1/2}$
ASK	Nichtkohärent	$\simeq 1/2\ e^{-E/(4N_o)}$
FSK	Nichtkohärent	$1/2\ e^{-E/(2N_o)}$

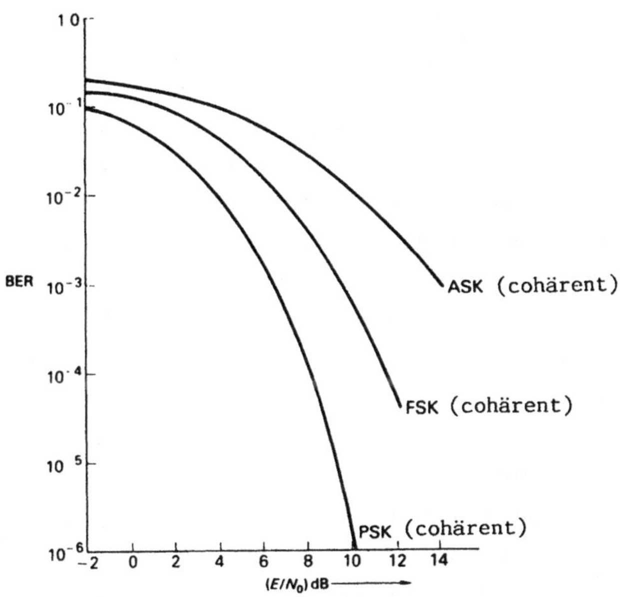

Bild 6.9 Vergleich verschiedener digitaler Systeme

beschreiben. Da es relativ einfach ist, mittels einer großen Richtantenne hohe Leistung zu einem geostationären Satelliten zu übertragen, wird die Systemgüte hauptsächlich durch die Abwärtsstrecke begrenzt; denn begrenzte Abmessungen und Masse der Satelliten schränken hier Sendeleistung und Antennengewinn ein. Es ist also wichtig, insbesondere das Leistungsbudget der Abwärtsstrecke für Kommunikation von Satelliten zur Bodenstation zu optimieren.

Zur Verdeutlichung wird eine typische Fallstudie vorgestellt, wie sie ähnlich auch in der Praxis vorkommt. Der für die Aufwärtsstrecke entscheidende Parameter ist die in Richtung auf den Satelliten abgestrahlte Leistung, die durch äquivalente Leistung eines isotropen Strahlers (effective isotropic radiated power, EIRP) ausgedrückt werden kann. Es gilt

$$\mathrm{EIRP} = P_s\, G_T = P_T\, G_T/L_F$$

oder in dB $\mathrm{EIRP} = P_T + G_T - L_F$ dB

wobei P_s = abgestrahlte Leistung

P_T = Senderleistung

G_T = Gewinn der Sendeantenne

L_F = Diplexer- und Antennenverluste

Im folgenden sind für die relevanten Parameter typische Zahlenwerte für eine bei 6 GHz betriebene Aufwärtsstrecke angegeben; der geostationäre Satellit befindet sich 36 000 km über der Erde. Die angesetzten Dämpfungen sind einerseits die große Freiraumdämpfung (201 dB), anderseits müssen auch Werte für Senderalterung (1 dB), Fehler der Antennenausrichtung (2 dB) und mögliche Regendämpfung (2 dB) angesetzt werden.

Sendeleistung	23 dBW
Sendeantennengewinn	60 dB
EIRP	83 dBW
Freiraumdämpfung ($4\pi d^2/\lambda^2$)	- 201 dB
Satellitenantennengewinn	28 dB
Verschiedene Dämpfungen	5 dB
Empfangene Trägerleistung	- 95 dBW
Satellitenempfägerrauschleistung	- 126 dBW
Träger-Rauschleistungsdichte-Verhältnis	97 dBHz
Träger-Rauschleistungs-Verhältnis	31 dB

Der entscheidende Parameter der Abwärtsstrecke ist die Gütezahl G/T, da sie unmittelbar das Verhältnis Trägerleistung zu Rauschleistungsdichte (C/N_o) bestimmt, welches wiederum die Demodulatorfunktion bei analogen Signalen oder bei digitalen Signalen das Verhältnis Energie pro Bit zu Rauschleistungsdichte (E/N_o) beeinflußt. Es läßt sich leicht zeigen, daß folgende Zusammenhänge gelten

$$\frac{C}{N_o} = \frac{EIRP \cdot G_R}{kT_s L_s L_m M}$$

oder $$\frac{C}{N_o} = EIRP + G_R - kT_s - L_s - L_m - M \quad \text{dB Hz}$$

und $$\frac{C}{N} = \frac{C}{N_o W} \quad \text{dB}$$

Darin sind

C = Trägerleistung am Demodulator

N_o = Rauschleistungsdichte

N = Rauschleistung

EIRP = äquivalente Isotropstrahlerleistung

G_R = Gewinn der Empfangsantenne

k = Boltzmann sche Konstante

T_s = Rauschtemperatur des Empfangssystems

L_s = Freiraumdämpfung

L_m = verschiedene Dämpfungen

M = Spanne für Vielfachträger

W = Empfängerbandbreite

Typische Zahlenwerte sind für eine Bodenstation, die ihr Signal bei 4 GHz von einem geostationären Satelliten empfängt, unten angegeben. Es ist üblich, für analoge Systeme den Parameter C/N_o zu betrachten, da er unabhängig von der benutzten Systembandbreite ist. Bei digitalen Systemen kann das Verhältnis E/N_o leicht ermittelt werden. Es ist

$$\frac{C}{N_o} = \frac{C\tau}{N_o} \cdot \frac{1}{\tau} = \frac{ER}{N_o}$$

bzw. $$\frac{E}{N_o} = \frac{C}{N_o R}$$

wobei τ die Bitdauer, E die Energie pro Bit und R die Bitrate sind.

EIRP des Satelliten	18 dBW
Freiraumdämpfung	- 197 dB
Gewinn der Empfangsantenne	60 dB
Systemrauschtemperatur	70 K
G/T	41,5 dB/K
Verschiedene Dämpfungen	- 5 dB
Empfangene Trägerleistung	- 124 dBW
Rauschleistungsdichte	- 210 dBW/Hz
Träger-Rauschleistungsdichte-Verhältnis	86 dBHz
Träger-Rauschleistungs-Verhältnis	20 dB
Bitrate (Digitalsyteme *)	$8{,}5 \cdot 10^6$ bit/s
Energie-Rauschleistungsdichte-Verhältnis	17 dB
Bitfehlerrate BER	$1 \cdot 10^{-4}$

Die Systemrauschtemperatur im obigen Beispiel enthält die Antennenrauschtemperatur und die des Empfängers; die Verluste beinhalten die hohe Freiraumdämpfung (197 dB), atmosphärische Dämpfung (2 dB), Antennenverluste (1 dB) sowie Verluste aufgrund ungenauer Antennenausrichtung bezüglich Hauptstrahlrichtung und Polarisation (2 dB).

Die optimalen Entwurfsparameter, die die Systemgüte bestimmen, ergeben sich im wesentlichen als Kompromiß zwischen verschiedenen konkurrierenden Faktoren wie erforderliche Komminikationsqualität, Verfügbarkeit von Sendeleistung, Antennengewinn (-größe) und Systemrauschen, speziell Empfängerrauschen.

Beispiel 6.3

(a) Beschreiben Sie mit Hilfe eines Blockdiagramms ein satellitengestütztes Mikrowellen-Kommunikationssystem mit geostationärem Satellit.

(b) Zählen Sie die Systemparameter auf und diskutieren Sie ein typisches Signal-Rausch-Budget.

Lösung

(a) Das Intelsat-System ist ein typisches Beispiel für ein mit geostationären Satelliten arbeitendes System. Es ermöglicht internationale Punkt-zu-Punkt-Verbindungen im Frequenzband um 6 GHz (Aufwärtsstrecke) und 4 GHz (Abwärtsstrecke) über Bodenstationen. Die Bodenstation nutzt eine große

* 132 Kanäle

ausrichtbare Parabolantenne von ca. 30 m Durchmesser mit einem minimalen G/T-Verhältnis von 40,7dB/K und die Satelliten Hornantennen mit globaler Ausleuchtung oder Parabolantennen mit zonaler Ausleuchtung (spot beam), die orthogonal polarisiert sind. Ein Blockschaltbild ist in Bild 6.10 gezeigt. Hauptanwendungen sind Telefon- und Fernsehübertragung in FM/FDMA-Technik. Neuere Systeme verwenden auch TDM/TDMA in Verbindung mit digitaler PCM-Technik.

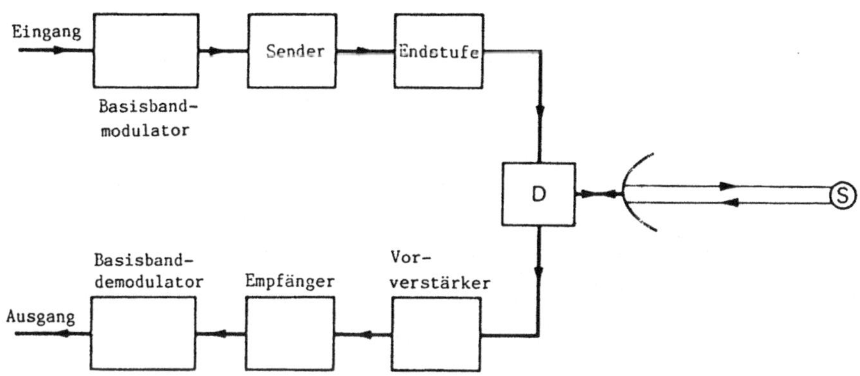

Bild 6.10 Blockschaltung eines Satellitenkommunikationssystems

Die Ausrüstung der Bodenstation besteht aus Sender- und Empfängerkette, die durch einen Diplexer entkoppelt sind. In der Aufwärtsstrecke wird das bei der ZF von 70 MHz FM-modulierte Signal auf 6 GHz umgesetzt. Die die Antenne speisende Sendeendstufe enthält Klystrons oder Wanderwellenröhren. Im Satelliten wird das Signal verstärkt und auf 4 GHz umgesetzt, bevor es zur Erde zurückgesendet wird.

Das Empfangssignal der Abwärtsstrecke mit einer Bandbreite von bis zu 36 MHz liegt innerhalb eines 500 MHz breiten Bandes bei 4 GHz; rauscharme Breitbandverstärker sind also erforderlich. Beispielsweise ist die Eingangsstufe ein auf 15 K gekühlter parametrischer Verstärker; der folgende Empfänger setzt das Signal auf 70 MHz um. Die FM-Demodulatoren sind konventionell, manchmal auch schwellwertverbessernd wie z. B. mit Frequenzgegenkopplung (FMFB-Technik), während Sender und Empfänger konventionelle Basisband-FM-Ausrüstung verwenden.

(b) Die Güte eines satellitengestützten Kommunikationssystems wird von verschiedenen Auslegungsparametern bestimmt, wie gewünschte Signalqualität, Verfügbarkeit von Leistung, Verstärkung und Bandbreite, die verschiedenen Rauschbeiträge im System und die beträchtlichen Dämpfungen auf Grund der großen Abstände. Das Gesamtsystem wird durch die Leistungsbudgets der Aufwärts- und Abwärtsstrecke wie weiter vorn bereits angegeben charakterisiert.

Der kritische, durch den Planer beeinflußbare Parameter der Aufwärtsstrecke ist das EIRP der Bodenstation. Die Dämpfung zwischen Bodenstation und Satellit setzt sich aus der hohen Freiraumdämpfung bei 6 GHz (201 dB) und weiteren Verlusten von ca. 6 dB zusammen. Die vom Satelliten empfangene Trägerleistung bestimmt die Verhältnisse S/N oder C/N_0, die bei der Auslegung der Aufwärtsstrecke genügend hoch angesetzt werden; dann wird die Signaldegradation hauptsächlich durch die Abwärtsstrecke bewirkt.

Letztlich wird die Signalqualität durch den Störabstand S/N am Demodulator des Empfängers der Bodenstation bestimmt. Bei FM-Systemen sollte er besser als 10 dB sein. Der kritische Parameter der Abwärtsstrecke ist die Gütezahl G/T der Bodenstation. Das Leistungsbudget der Abwärtsstrecke enthält das EIRP des Satelliten, die hohe Freiraumdämpfung bei 4 GHz (197 dB) und verschiedene Zusatzdämpfungen von ca. 9 dB. Ein typischer Zahlenwert für das Verhältnis S/N am Demodulator ist 20 dB, wobei die wirksame Bandbreite zugrunde gelegt wurde.

Aufgaben

1 Drei Münzen werden nacheinander geworfen. Wie groß ist die Wahrscheinlichkeit dafür, daß das Ergebnis

(a) zwei Adler

(b) mindestens zwei Adler lautet?

2 Ein Beutel enthält zwei weiße und drei schwarze Perlen, ein zweiter sechs weiße und vier schwarze Perlen. Zwei Perlen werden nacheinander gezogen, je eine aus jedem Beutel. Wie groß ist die Wahrscheinlichkeit, daß die gezogenen Perlen

(a) beide weiß

(b) beide schwarz

(c) eine weiß und eine schwarz sind?

3 Eine Wahrscheinlichkeitsdichtefunktion einer Gaußverteilung lautet

$$p(x) = \frac{e^{-(x-\alpha)^2/2\sigma^2}}{\sigma\sqrt{2\pi}}$$

mit der Standardabwichung σ und der Konstante α. Bestimmen Sie das erste Moment (den Mittelwert) der Verteilung und berechnen Sie den prozentualen Flächenanteil unter der Kurve, der im Bereich Mittelwert $\pm\ \sigma$ liegt.

4 Eine Wahrscheinlichkeitsdichtefunktion ist definiert durch

$$p(x) = K\ e^{-2|x|}$$

wobei K eine Konstante ist. Bestimmen Sie für die normalisierte Funktion (a) den Wert von K und (b) die Varianz, wenn der Wertebereich von x gegeben ist durch $-\infty < x < +\infty$.

5 Ein Zufallssignal ist definiert durch $v(t) = V_o$, wenn $-\delta/2 < t < +\delta/2$ und $v(t) = 0$ sonst. Bestimmen Sie die Autokorrelationsfunktion.

6 Die Autokorrelationsfunktion eines Zufallssingnals ist gegeben durch $R(\tau) = \tau\left((\sin \omega_o\tau/2)/(\omega_o\tau/2)\right)^2$. Bestimmen Sie sein Leistungsdichtespektrum.

7 Diskutieren Sie kurz die Ursachen von Rauschen in einem Kommunikationssystem.

Ein Mikrofon mit dem reellen Innenwiderstand von 100 Ω wird mittels Aufwärtstranformator an den Eingangswiderstand eines Verstärkers angepaßt. Die Leerlaufspannung des Mikrofons beträgt 20 μV. Berechnen Sie das Signal-Rauschverhältnis am Verstärkerausgang bei einer Verstärkerbandbreite von 15 kHz und einer Verstärkerrauschzahl von 7 dB. Weisen Sie darauf hin, wenn Sie irgendwelche Annahmen machen. Welchen Effekt würde es haben, wenn Sie den Transormator entfernen und Mikrofon und Verstärker direkt verbinden?

8 Leiten Sie die Rauschzahl einer Kettenschaltung von drei Vierpolen her, wenn Rauschzahlen und Verstärkungen der einzelnen Vierpole gegeben sind.

Ein Empfangssystem besteht aus einem Vorverstärker, der über ein längeres Kabel mit dem eigentlichen Empfänger verbunden ist. Die Rauschzahl des Vorverstärkers ist 6 dB, die des Kabels 8 dB und die des Empfängers 13 dB. Die Kabeldämpfung ist mit 8 dB gegeben. Berechnen Sie die benötigte Mindestverstärkung des Vorverstärkers, damit die Rauschzahl des Systems nicht 9 dB übersteigt.

9 (a) Beschreiben Sie kurz, was die Rauschzahl eines Radioempfängers bedeutet.

(b) Zwei in Kette geschaltete Verstärker sind leistungsmäßig angepaßt und haben die gleiche Bandbreite. Der erste hat 16 dB Verstärkung und eine Rauschzahl von 6 dB, der zweite 10 dB Verstärkung und eine Rauschzahl von 3 dB. Berechnen Sie 1.) die Rauschzahl der Kettenschaltung und 2.) die Rauschzahl, wenn die Reihenfolge der Verstärker vertauscht wird.

10 Eine Parabolantenne hat die Rauschtemperatur von 60 K und ist über ein Stück Wellenleiter mit einem parametrischen Vorverstärker verbunden. Der Wellenleiter hat 1 dB Dämpfung und der Verstärker eine effektive Rauschtemperatur von 77 K und 20 dB Gewinn. Es wird ein Empfänger mit einer Rauschzahl von 10 dB hinter dem Vorverstärker eingesetzt. Wie groß ist dann die Systemrauschtemperatur?

11 Ein Empfangssystem hat eine Eingangsstufe mit der Rauschtemperatur von 100 K und 5 dB Dämpfung. Anschließend folgen drei ZF-Verstärkermodule mit je 10 dB Verstärkung, 6 MHz Bandbreite und einer Rauschzahl von 1,3 dB. Berechnen Sie (Anpassung überall vorausgesetzt)

(a) die Rauschzahl des Systems,

(b) die äquivalente Systemrauschtemperatur, wenn der Empfänger an einer Antenne mit der Antennentemperatur von 50 K angeschlossen wird,

(c) die geringstmögliche Signalleistung am Eingang, wenn der Signaldetektor bereits bei einem Signal-Rauschverhältnis > 1 korrekt arbeitet.

(d) Wie verändern sich die Ergebnisse (a) bis (c), wenn man zusätzlich einen Vorverstärker mit der Rauschtemperatur 100 K und der Verstärkung 20 dB einsetzt. Der Empfänger hat eine Temperatur von 290 K.

12 Ein Signal s(t) ist ein Dreiecksimpuls mit

$$s(t) = Kt \quad \text{für } 0 \leq t \leq T$$

$$s(t) = 0 \quad \text{sonst}$$

K ist eine Konstante. Bestimmen Sie das Ausgangssignal eines signalangepaßten (matched) Filters.

Es wird nun Gaußsches weißes Rauschen mit dem Mittelwert Null und der Rauschleistungsdichte N_0 (nur positive Frequenzen) zum Signal dazuaddiert. Wie groß ist das maximale Signal-Rauschverhältnis am Ausgang des signalangepaßten Filters?

13 In einem Pulsradarsystem wird das beobachtete Signal zusammen mit gaußschem Rauschen (Mittelwert Null und Varianz Eins) empfangen. Bestimmen Sie unter der Annahme, daß das empfangene Signal eine Amplitude von 2 Volt hat, die Entdeckungswahrscheinlichkeit für einen Neymann-Pearson-Empfänger, wenn die Falschalarmwahrscheinlichkeit auf 0,2 gesetzt ist.

14 Ein PCM-System mit 30 Kanälen, gleichförmiger Quantisierung und einem 7-stelligen Binärcode hat eine ausgangsseitige Bitrate von 1,5 M bit/s. Bestimmen Sie

(a) die maximale Informationsbandbreite, für die befriedigender Betrieb möglich ist,

(b) das ausgangsseitige Verhältnis Signal-Quantisierungsrauschen für ein eingangsseitig eingespeistes Sinussignal mit der Frequenz 3 kHz und der maximal möglichen Amplitude.

15 Berechnen Sie das Signal-Rauschverhältnis für ein Sinussignal, welches in M Stufen quantisiert ist, wobei die gesamte quadratisch gemittelte Quantisierungsrauschspannung mit $\sigma^2 = 0{,}083\,(\Delta v)^2$, Δv = Stufenabstand,

gegeben ist. Welche Annahme ist zur Quantisierung gemacht worden? Bestimmen Sie die Stellenzahl pro Abtastwert für ein PCM-System, das das obige Signal überträgt, wenn die Qualität den Erwartungen an ein Telefonsystem entspricht.

Diskutieren Sie, ob gleichartig verarbeitete Sprachsignale die gleiche Qualität haben. Erklären Sie, wie das Signal-Rauschverhältnis für Sprache durch analoge oder digitale Signalverarbeitungsmethoden verbessert werden kann.

16 Ein kohärentes binäres Datensystem benutzt ASK, die Amplitude wird zwischen 0 und V Volt umgeschaltet. Die Wahrscheinlichkeit für das Auftreten von 0 und 1 ist bei Vorhandensein von Gaußschem Rauschen gleich. Das Verhältnis Spitzenwert der Signalleistung zu mittlerer Rauschleistung sei 13 dB. Berechnen Sie die Fehlerwahrscheinlichkeit. Bestimmen Sie außerdem den für eine Fehlerwahrscheinlichkeit von 10^{-5} benötigten Schwellwert des Signal-Rauschleistungsverhältnisses.

17 Über einen FSK-Nachrichtenkanal wird Binärinformation mit der Bitrate 100 Kbit/s übertragen; es ist Gauß'sches Rauschen mit der Spektraldichte von 10^{-19} W/Hz vorhanden. Das Signal werde mit dem Amplitudenwert 1 Volt gesendet. Bestimmen Sie für eine Fehlerwahrscheinlichkeit von 10^{-4} die Streckenverluste des Kanals für eine bitweise Detektion bei

(a) inkohärenter FSK

(b) kohärenter FSK.

18 Erläutern Sie, warum Nachrichtensatelliten eine bedeutende Rolle in der weltweiten Kommunikation spielen. Erwähnen Sie insbesondere die Leistungsmerkmale, die alternative Nachrichtensysteme nicht leicht erfüllen können.

Ein geostationärer Satellit in 35 800 km Höhe hat einen 4 GHz-Sender für die Abwärtstrecke, der mit 25 Watt eine Antenne mit 20 dB Gewinn speist. Die Bodenstation ist mit einem Empfangssystem ausgerüstet, das eine Gesamtrauschzahl von 1,5 dB hat. Bestimmen Sie den notwendigen Gewinn der Bodenantenne, um einen Geräuschabstand von 30 dB bei 12 MHz Bandbreite zu erzielen.

19 Die Parameter einer Satelliten-Schiff-Verbindung sind

Sendeleistung pro Kanal des Satelliten	$+ P_s$ dBW
Satellitenantennengewinn	+ 17 dB

Freiraumdämpfung bei 1,5 GHz	- 189 dB
Fadingreserve (Betrieb bei 99 % der Zeit bei 5° Elevation möglich)	+ 5 dB
Schiffsantennengewinn	+ G_r dB
Eingangsleistung am Schiffsempfänger	- 152 dBW

(a) Skizzieren Sie unter Verwendung obiger Werte ein Diagramm, welches die Satellitensendeleistung pro Kanal P_s über den Werten des Schiffsantennengewinns G_T, mit denen die angegebene Eingangsleistung am Empfänger erzielt wird, darstellt.

(b) Der Sender des Seefunksatelliten kann insgesamt nur 50 W HF-Leistung an die Satellitenantenne abgeben. Kennzeichnen Sie im Diagramm den Minimalwert des Schiffantennengewinns, für den eine gleichzeitige Übertragung von 10 verschiedenen Kanälen über den Satelliten möglich ist.

(c) Nennen Sie zwei Faktoren, die den Schiffsantennengewinn nach oben begrenzen.

20 Zeichnen Sie ein Pegeldiagramm für eine 12 - 14 GHz Satellitenverbindung, die Parabolantennen mit 1 m Durchmesser am Satellit und 3 m Durchmesser an der Bodenstation benutzt. Bestimmen Sie die erzielbaren Signal-Rauschverhältnisse

(a) am Eingang des Satellitenempfängers und

(b) am Ausgang des Empfängers der Bodenstation. Dabei wird Übertragung von Sprachkanälen in 12 MHz Bandbreite angenommen sowie je 300 W Sendeleistung in beide Richtungen.

Lösungen

1 3/8, 1/2

2 6/25, 6/25, 13/25

3 α, 68 %

4 $K = 1$, $\sigma^2 = 1/2$

5 $R(\tau) = V_0^2\delta(1 - |\tau|/\delta)$ $(|\tau|<\delta)$

$R(\tau) = 0$ $(|\tau|\geq\delta)$

6 $S(f) = 1 - |f|/f_o$ $(|f|<f_o)$

$S(f) = 0$ $(|f|\geq f_o)$

7 42 dB, 35 dB

8 15 dB

9 6,05 dB, 3,62 dB

10 265 K

11 (a) 7,5 dB, (b) 1404 K, (c) 0,66 µW,

(d) 1,44 dB, 163,5 K, 0,019 µW

12 $K^2T^3/3$, $2K^2T^3/(3N_o)$

13 0,627

14 3,57 kHz, 43,8 dB

15 $S/N_q = 10 \log(1{,}5M^2)$ Lineare Quantisierung ist angenommen.

7 Stellen

Die Sprachqualität kann durch nichtlineare Quantisierung (analoge Signalverarbeitung) oder durch Verwendung zusätzlicher Quantisierungsstufen (digitale Signalverarbeitung) verbessert werden.

16 $1{,}27 \cdot 10^{-2}$, Schwellwertverhältnis = 4,25

17 124,6 dB, 125,6 dB

18 54,6 dB

20 35 dB ± 3 dB Reserve, 27 dB ± 3 dB Reserve

Anhang

Anhang A: Mengenlehre

Einige Grundbegriffe der Mengenlehre werden zunächst präsentiert bevor ihre Anwendung bei der Wahrscheinlichkeitsrechnung dargestellt wird.

Definitionen

Mengen und Teilmengen.

Elemente oder Objekte, die eine gemeinsame Eigenschaft haben, bilden eine Menge. Beispiele dafür sind die Zahlen 1 bis 6 eines Würfels oder die Buchstaben eines Alphabets. Die Gesamtheit der Elemente ist die Grundmenge S, ein Teil der Elemente bildet eine Teilmenge. Grund- oder Teilmenge können durch eine Fläche im Venn-Diagramm oder in der Karnaugh-Tafel repräsentiert werden, siehe Bild A. 1.

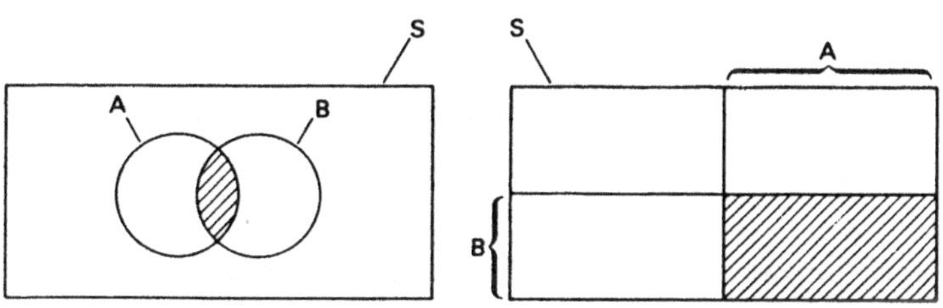

Bild A. 1 Diagramm zur Veranschaulichung von Zusammenhängen in der Mengenlehre

Vereinigung

Die Vereinigung zweier Teilmengen A und B wird als $A \cup B$ geschrieben. Dies ist eine andere Teilmenge von S, die die Fläche von A oder B enthält, siehe Bild A. 2 (a).

Durchschnitt

Der Durchschnitt zweier Teilmengen A und B, geschrieben $A \cap B$, ist die Teilmenge von S, die A und B als gemeinsame Fäche enthält, siehe Bild A. 2 (b).

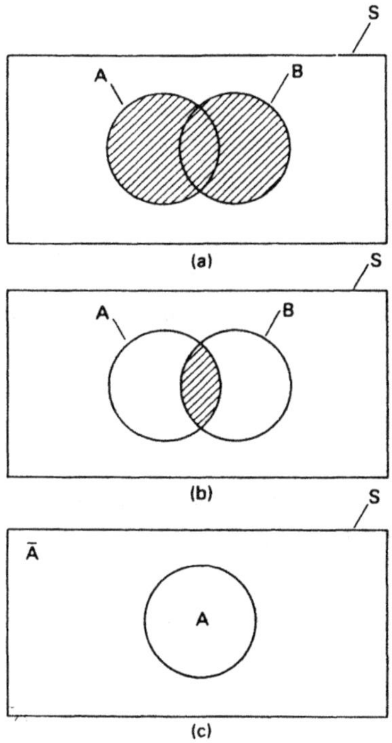

Bild A. 2 (a) Vereinigung, (b) Durchschnitt und (c) Komplement

Komplement

Das Komplement der Teilmenge A wird $\bar{A}$ geschrieben. Diese Teilmenge von S enthält nicht die Fläche der Teilmenge A wie in Bild A.2(c) gezeigt.

Anwendungen

Die Grundlagen der Wahrscheinlichkeitsrechnung können mit der Mengenlehre bewiesen werden. Dies wird gezeigt, indem einige Wahrscheinlichkeiten betrachtet werden.

P(A + B)

Sind A und B einzelne Ereignisse, die sich nicht gegenseitig ausschließen, dann kann P(A) durch die Teilmenge A, P(B) durch die Teilmenge B und P(AB) durch die A und B gemeinsame Teilmenge dargestellt werden. Also ist P(A + B), die Wahrscheinlichkeit einer Summe (Vereinigung) von Ereignissen, gegeben durch $A \cup B$; denn die schraffierte Fläche in Bild A.2(a) ist Teilmenge A plus Teilmenge B minus der A und B gemeinsamen Teilfläche. Man erhält den

Additionssatz

$$P(A + B) = P(A) + P(B) - P(AB)$$

in Übereinstimmung mit der Wahrscheinlichkeitsrechnung.

P(AB)

Die Verbundwahrscheinlichkeit für das paarweise Auftreten der Ereignisse A und B, die sich nicht gegenseitig ausschließen, ist durch die Teilmenge, die den beiden Teilmengen A und B gemeinsam ist, gegeben. Dies entspricht der schraffierten Fläche in Bild A.2(b) und ist durch $A \cap B$ gegeben.

P(A|B)

Da P(A|B) die bedingte Wahrscheinlichkeit dafür bezeichnet, daß Ereignis A eintritt unter der Voraussetzung, daß Ereignis B bereits eingetreten ist, muß man wissen, wann Teilmenge A und Teilmenge B paarweise auftreten. Folglich steht P(A|B) im Zusammenhang mit der schraffierten Fläche P(AB) in Bild A. 2(b). Um sicherzustellen, daß diese Fläche immer kleiner als 1 ist, muß zur Normierung durch die Teilmenge B dividiert werden. Es gilt also

$$P(A|B) = P(AB)/P(B)$$

was als Formel von Bayes bekannt ist.

Anhang B: Fehlerintegral

Das Gauß'sche Fehlerintegral * war in Abschnitt 2.6 als

$$\mathrm{erf}(x) = \frac{2}{\sqrt{\pi}} \int_0^x e^{-u^2} du$$

definiert worden; die Tabelle A.1 enthält Funktionswerte 0 bis 3,00. Für das komplementäre Fehlerintegral gilt als Beziehung

$$\mathrm{erfc}(x) = 1 - \mathrm{erf}(x)$$

* Im Englischen wird der Begriff "error funktion" verwendet, während im Deutschen oft der Integrand als Fehlerfunktion bezeichnet wird.

Tabelle A.1

x	erf x	x	erf x
0	0	1,50	0,9661
0,05	0,0563	1,55	0,9716
0,10	0,1124	1,60	0,9763
0,15	0,1679	1,65	0,9803
0,20	0,2227	1,70	0,9837
0,25	0,2763	1,75	0,9866
0,30	0,3286	1,80	0,9890
0,35	0,3793	1,85	0,9911
0,40	0,4283	1,90	0,9927
0,45	0,4754	1,95	0,9941
0,50	0,5205	2,00	0,9953
0,55	0,5663	2,05	0,9962
0,60	0,6038	2,10	0,9970
0,65	0,6420	2,15	0,9976
0,70	0,6778	2,20	0,9981
0,75	0,7111	2,25	0,9985
0,80	0,7421	2,30	0,9988
0,85	0,7706	2,35	0,9991
0,90	0,7969	2,40	0,9993
0,95	0,8208	2,45	0,9994
1,00	0,8427	2,50	0,9995
1,05	0,8624	2,55	0,9996
1,10	0,8802	2,60	0,9997
1,15	0,8961	2,65	0,9998
1,20	0,9103	2,70	0,99986
1,25	0,9229	2,75	0,99989
1,30	0,9340	2,80	0,99992
1,35	0,9437	2,85	0,99994
1,40	0,9522	2,90	0,99995
1,45	0,9596	2,95	0,99996
		3,00	0,99997

Anhang C: Leistungs- und Spannungsspektraldichte

Leistungsspektraldichte

Um die verfügbare Leistung P_{av} zu bestimmen, wird das periodische Signal x(t) in Bild A.3(a) betrachtet. Nimmt man an, daß eine Probe dieses Signals innerhalb einer Periode von $-T/2 < t < +T/2$ genommen wird, so stellt dies ein impulsartiges zeitbegrenztes Signal X(t) dar, siehe Bild A.3(b). F(ω) sei die Fouriertransformierte von X(t), dann gilt

$$X(t) = \frac{1}{2\pi}\int_{-\infty}^{+\infty} F(\omega)\, e^{j\omega t}\, d\omega$$

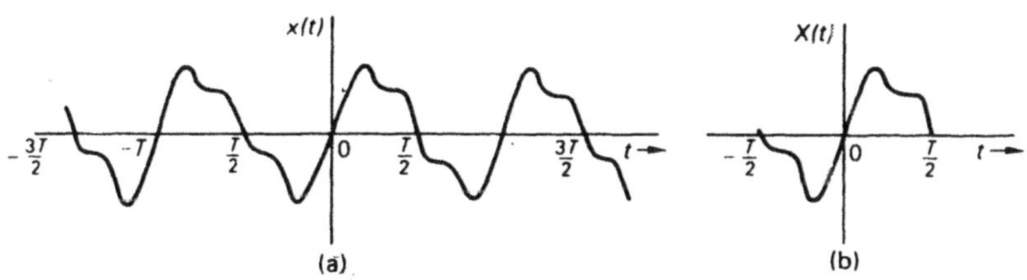

Bild A.3 (a) Periodische Zeitfunktion und (b) impulsartige Zeitfunktion mit gleicher Kurvenform innerhalb einer Periode von (a)

Es läßt sich nun schreiben

$$\frac{1}{T}\int_{-T/2}^{+T/2} X^2(t)\, dt = \frac{1}{2}\int_{-T/2}^{+T/2} X(t)\{\frac{1}{2\pi}\int_{-\infty}^{+\infty} F(\omega)\, e^{j\omega t}\, d\omega\}\, dt$$

wobei das zweite X(t) mittels vorheriger Gleichung durch F(ω) ausgedrückt wurde. Vertauscht man die Integrale, ergibt sich

$$\frac{1}{T}\int_{-T/2}^{+T/2} X^2(t)\, dt = \frac{1}{2\pi T}\int_{-\infty}^{+\infty} F(\omega)\, d\omega\, \left(\int_{-T/2}^{+T/2} X(t)\, e^{j\omega t}\, dt\right)$$

$$= \frac{1}{2\pi T}\int_{-\infty}^{+\infty} F(\omega)\, d\omega \int_{-\infty}^{+\infty} X(t)\, e^{j\omega t}\, dt$$

Die Integrationsgrenzen konnten in der letzten Zeile verändert werden, da X(t) in den Intervallen $-\infty < t < -T/2$ und $+T/2 < t < +\infty$ verschwindet. Unmittelbar aus dem Fourierintegral folgt auch

$$\int_{-\infty}^{+\infty} X(t)\, e^{j\omega t}\, dt = F^*(\omega)$$

wobei $F^*(\omega)$ die konjugiert komplexe Fouriertransformierte darstellt, so daß gilt $F(\omega) \cdot F^*(\omega) = |F(\omega)|^2$. Setzt man dies in die vorherige Gleichung ein, hat man

$$\frac{1}{T}\int_{-T/2}^{+T/2} X^2(t)\, dt = \frac{1}{2\pi}\int_{-\infty}^{+\infty} \frac{|F(\omega)|^2}{T}\, d\omega$$

Werden weitere Proben der zeitlichen Länge T von x(t) genommen und X(t) hinzugefügt, so wird das Signal X(t) schließlich dem periodischen Signal x(t) immer ähnlicher und im Grenzfall $T \to \infty$ ergibt sich

$$\lim_{T\to\infty} \frac{1}{T}\int_{-T/2}^{+T/2} X^2(t)\, dt = \lim_{T\to\infty} \frac{1}{T}\int_{-T/2}^{+T/2} x^2(t)\, dt = \lim_{T\to\infty} \frac{1}{2\pi}\int_{-\infty}^{+\infty} \frac{|F(\omega)|^2}{T}\, d\omega$$

Die Größe in der Mitte ist die mittlere Leistung des periodischen Signals x(t), damit ist

$$P_{av} = \lim_{T\to\infty} \frac{1}{2\pi}\int_{-\infty}^{+\infty} \frac{|F(\omega)|^2}{T}\, d\omega = \frac{1}{2\pi}\int_{-\infty}^{+\infty} S(\omega)\, d\omega$$

wobei der letzte Teil aus der Definition von $S(\omega)$ folgt. Durch Vergleich der Gleichungsseiten erhält man die Leistungsspektradichte

$$S(\omega) = \lim_{T\to\infty} \frac{|F(\omega)|^2}{T}$$

Spannungsspektraldichte

Die Spannungsspektraldichte $S_v(f)$ wird definiert durch die Gleichung

$$\int_{-\infty}^{+\infty} S_v(f)\, df = \overline{v_n^2}$$

wobei $\overline{v_n^2}$ der quadratische Mittelwert der Rauschspannung ist. Im Fall des thermischen Rauschens ist das Rauschspektrum konstant über der endlichen Bandbreite B. Man kann also schreiben

$$\int_{-B}^{+B} S_v(f)\, df = 4\ kTBR$$

oder $$S_v(f)\int_{-B}^{+B} df = 4\ kTBR$$

Daraus folgt unmittelbar

$$S_v(f)\ 2B = 4\ kTBR$$

bzw. $$S_v(f) = 2\ kTR$$

Anhang D: Wiener-Khintchine-Theorem

Für die zeitbegrenzte Funktion X(t) war in Anhang C gezeigt worden

$$S(\omega) = \lim_{T\to\infty} \frac{|F(\omega)|^2}{T}$$

wobei F(ω) die Fouriertransformierte von X(t) ist. Wenn X(t) reell ist, folgt unmittelbar aus dem Fourierintegral

$$F(\omega) = \int_{-\infty}^{+\infty} X(t)\ e^{-j\omega t}\ dt$$

$$F(\omega) = F(-\omega)$$

Damit kann man auch schreiben

$$|F(\omega)|^2 = F(\omega)\ F(-\omega)$$

$$= \int_{-\infty}^{+\infty} X(t_1)\ e^{-j\omega t_1}\ dt_1 \int_{-\infty}^{+\infty} X(t_2)\ e^{j\omega t_2}\ dt_2$$

mit $t_2 = t_1 - \tau$. Oben eingesetzt ergibt sich

$$S(\omega) = \lim_{T\to\infty} \frac{\int_{-T/2}^{+T/2} x(t_1)\ e^{-j\omega t_1}\ dt_1 \int_{-T/2}^{+T/2} x(t_2)\ e^{j\omega t_2}\ dt_2}{T}$$

wobei X(t) durch x(t) ersetzt wurde; denn es wird ja nur eine Probe von x(t) im Intervall $-T/2 < t < +T/2$ betrachtet.

Vertauschen der Integrale und Einsetzen von $t_2 = t_1 - \tau$ ergibt

$$S(\omega) = \lim_{T\to\infty} \frac{\int_{-T/2}^{+T/2} \int_{-T/2}^{+T/2} x(t_1)\ x(t_1 - \tau)\ dt_1\ e^{-j\omega\tau}\ d\tau}{T}$$

In diesen Ausdruck läßt sich die Autokorrelationsfunktion gemäß

$$\lim_{T\to\infty} \int_{-T/2}^{+T/2} x(t_1)\ x(t_1 - \tau)\ dt_1 = R(\tau)$$

einführen, so daß sich schließlich ergibt

$$S(\omega) = \int_{-\infty}^{+\infty} R(\tau)\ e^{-j\omega\tau}\ d\tau$$

Nimmt man die inverse Transformation, wird

$$R(\tau) = \frac{1}{2\pi} \int_{-\infty}^{+\infty} S(\omega)\ e^{j\omega\tau}\ d\omega$$

Anhang E: Schmalbandrauschen

Durchläuft Gauß'sches weißes Rauschen einen schmalbandigen Bandpaß, dessen Bandbreite B sehr viel kleiner als die Bandmittelfrequenz f_c des Filters ist, so bezeichnet man das Filterausgangssignal mit Schmalbandrauschen. Das Spektrum zeigt Bild A.4(a); es kann angenähert werden durch eine endliche Anzahl von Rauschkomponenten im Abstand Δf mit Δf → 0, wie in Bild A.4(b) gezeigt.

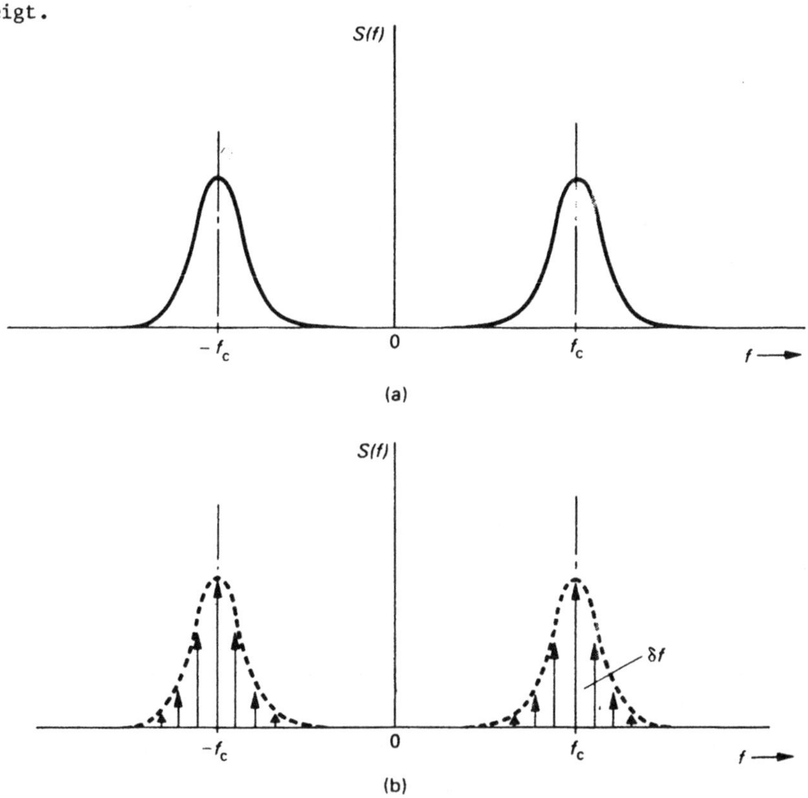

Bild A.4 (a) Schmalbandrauschen und (b) Annäherung durch diskrete Rauschkomponenten

Jedes Deltafunktionspaar $\delta(f + f_c)$ und $\delta(f - f_c)$ kann im Zeitbereich durch eine Sinusfunktion mit willkürlicher Phasenlage ausgedrückt werden. Die Summe über all diese Spektralkomponenten liefert dann die Zeitfunktion n(t) des Schmalbandrauschens. Es gilt also

$$n(t) = \lim_{\Delta f \to 0} \sum_{o}^{n} a_n \left\{\sin\left[(\omega_c + 2\pi n\Delta f)t + \theta_n\right]\right\}$$

wobei a_n sie Amplitude und θ_n die beliebige Phase der n'ten Schwingung ist. Zerlegt man den Ausdruck, ergibt sich

$$n(t) = \lim_{\Delta f \to o} \sum_{o}^{n} a_n \left\{\sin\omega_c t \cos(2\pi n\Delta f t + \theta_n)\right\}$$

$$+ \cos\omega_c t \sin(2\pi n\Delta f t + \theta_n)\}$$

oder $$n(t) = x(t) \sin\omega_c t + y(t) \cos\omega_c t$$

mit $$x(t) = \lim_{\Delta f \to o} \sum_{o}^{n} a_n \cos(2\pi n\Delta f t + \theta_n)$$

und $$y(t) = \lim_{\Delta f \to o} \sum_{o}^{n} a_n \sin(2\pi n\Delta f t + \theta_n)$$

Die Komponenten x(t) und y(t) werden als In-Phase- und Quadraturphase-Komponenten bezeichnet, wenn die sin-Funktion als Referenz für die Bandmittenfrequenz f_c Verwendung findet. Beide Komponenten x(t) und y(t) sind Gauß-verteilt und haben den gleichen Mittelwert und die gleiche Varianz wie n(t).

Der Ausdruck für n(t) läßt sich auch in Polardarstellung überführen durch die Substitution

$$x(t) = R(t) \cos\phi(t)$$

$$y(t) = R(t) \sin\phi(t)$$

wobei $$R(t) = \sqrt{x^2(t) + y^2(t)}$$

und $$\phi(t) = \arc\tan\left[y(t)/x(t)\right]$$

Also $$n(t) = R(t) \sin\left[\omega_c t + \phi(t)\right]$$

Hier variiert die Amplitude R(t) im Sinne einer Rayleigh-Verteilung während die Phase $\phi(t)$ gleichförmig in Intervall 0 bis 2π verteilt ist. Man kann also sagen, n(t) ähnelt einem sin-Träger, der stochastisch amplituden- und phasenmoduliert ist, siehe Bild A.5.

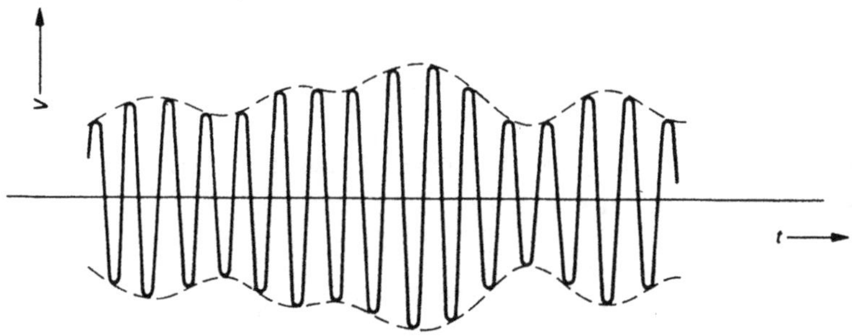

Bild A.5 Trägerschwingung, amplituden- und phasenmoduliert durch Schmalbandrauschen

Anhang F: Matched Filter

Ein- und Ausgangssignal eines linearen Filters sind gegeben durch

$$x(t) = s(t) + s_n(t) \qquad y(t) = s_o(t) + s_{nc}(t)$$

wobei s(t) und $s_o(t)$ die Nutzsignale an Ein- und Ausgang sind, $s_n(t)$ sei weißes Rauschen und $s_{no}(t)$ das gefilterte Rauschsignal. Das Signal-Rauschverhältnis soll zur Zeit $t = t_o$ maximiert werden, es lautet

$$\frac{S}{N} = \frac{(s_o(t_o))^2}{\overline{s_{no}^2(t)}}$$

Die gesuchte Übertragungsfunktion des Filters ist $H(\omega)$ und die Rauschleistungsdichte am Eingang ist $N_o/2$ (bei Berücksichtigung positiver und negativer Frequenzen). Setzt man dies ein, ergibt sich

$$\frac{S}{N} = \frac{\left(\frac{1}{4\pi}\right)^2 \left|\int_{-\infty}^{+\infty} H(\omega)\, S(\omega)\, e^{j\omega t_o}\, d\omega\right|^2}{\left(\frac{N_o}{4\pi}\right) \int_{-\infty}^{+\infty} |H(\omega)|^2\, d\omega}$$

$$= \frac{\left|\int_{-\infty}^{+\infty} H(\omega)\, S(\omega) e^{j\omega t_o}\, d\omega\right|^2}{N_o \pi \int_{-\infty}^{+\infty} |H(\omega)|^2\, d\omega}$$

wobei $S(\omega)$ die Fouriertransformierte des Eingangssignals $s(t)$ ist.

Die Schwartz'sche Ungleichung sagt aus

$$\left|\int_{-\infty}^{+\infty} F_1(\omega)\, F_2(\omega)\, d\omega\right|^2 \leq \int_{-\infty}^{+\infty} |F_1(\omega)|^2\, d\omega \int_{-\infty}^{+\infty} |F_2(\omega)|^2\, d\omega$$

Setzt man in diese $F_1(\omega) = H(\omega)$ und $F_2 = S(\omega)\, e^{j\omega t_o}$ ein, erhält man

$$\left|\int_{-\infty}^{+\infty} H(\omega)\, S(\omega)\, e^{j\omega t_o}\, d\omega\right|^2 \leq \int_{-\infty}^{+\infty} |H(\omega)|^2\, d\omega \int_{-\infty}^{+\infty} |S(\omega)|^2\, d\omega$$

Das Gleichheitszeichen gilt, und damit ist auch S/N maximal, wenn

$$H(\omega) = k\, S^*(\omega)\, e^{-j\omega t_o}$$

wobei die Konstante k beliebig und $S^*(\omega)$ die zu $S(\omega)$ konjugiert komplexe Größe ist.

Das Signal-Rauschverhältnis wird mit diesem $H(\omega)$ und $k = 1$

$$\left(\frac{S}{N}\right)_{max} = \frac{\int_{-\infty}^{+\infty} |S(\omega)|^2\, d\omega}{N_o \pi}$$

Bestimmt man die Energie des Nutzsignals, erhält man

$$E = \int_{-\infty}^{+\infty} s^2(t)\, dt = \frac{1}{2\pi} \int_{-\infty}^{+\infty} |S(\omega)|^2\, d\omega$$

so daß man für das Signal-Rauschverhältnis schreiben kann

$$\left(\frac{S}{N}\right)_{max} = \frac{2E}{N_o}$$

Das Resultat hängt nur von der Signalenergie ab, nicht von der Kurvenform.

Die Übertragungsfunktion eines Filters ist die Fouriertransformierte der Impulsantwort, also

$$H(\omega) = F\,\{h(t)\}$$

Nimmt man die inverse Transformation und setzt $H(\omega) = S^*(\omega)\, e^{-j\omega t_o}$ ein, findet man die Impulsantwort des Matched Filters

$$h(t) = \frac{1}{2\pi} \int_{-\infty}^{+\infty} S^*(\omega)\, e^{-j\omega t_o}\, e^{j\omega t}\, d\omega$$

$$h(t) = \frac{1}{2\pi} \int_{-\infty}^{+\infty} S^*(\ ) \ e^{j\omega(t-t_o)} d\omega$$

Die rechte Seite ist einfach die inverse Fouriertransformierte des Signals $s^*(t-t_o)$, so daß folgt

$$h(t) = s^*(t - t_o) = s(t_o - t)$$

Die Impulsantwort ist damit das zeitverzögerte und zeitinvertierte Eingangssignal. Das Matched Filter heißt daher auch signalangepaßtes Filter. Damit $h(t)$ eine kausale Impulsantwort ist, muß $t \leq t_o$ gelten, d.h. die gesamte Signalenergie in $s(t)$ muß empfangen sein, bevor die Entscheidung bei $t = t_o$ gemacht wird.

Korrelationsempfänger

Ist das Eingangssignal des Matched Filters $s(t)$, so ergibt sich das Ausgangssignal durch Faltung

$$s_o(t) = \int_{-\infty}^{+\infty} s(\tau) \ h(t - \tau) \ d\tau$$

Setzt man die Impulsantwort des Matched Filters $h(t) = s(t_o - t)$ bzw. $h(t - \tau) = s(t_o - t + \tau)$ ein, wird

$$s_o(t) = \int_{-\infty}^{+\infty} s(\tau) \ s(t_o - t + \tau) \ d\tau$$

$$= \int_{-\infty}^{+\infty} s(\tau) \ s(\tau - (t - t_o)) \ d\tau$$

Dies ist die um t_o verzögerte Autokorrelationsfunktion des Eingangssignals $s(t)$. Das Ausgangssignal des Matched Filters ist also das gleiche wie das, was man erhält, wenn man eine Kreuzkorrelation des Eingangssignals $s(t)$ (plus Rauschen) mit dem erwarteten Signal $s(t)$ durchführt und das Ergebnis zur Zeit $t = t_o$ abtastet. Dies war in Bild 3.12 (a) dargestellt.

Anhang G: Entscheidungstheorie

Das gesendete Signal sei $x(t)$ und das empfangene $y(t)$, welches zusätzlich additives Gauß'sches Rauschen $n(t)$ enthält, also

$$y(t) = x(t) + n(t)$$

wobei $x(t)$ und $y(t)$ sowohl diskrete aber auch kontinuierliche Signale sein können, jenachdem, welche Signaltypen gesendet werden.

Bayes - Kriterium

Der Einfachheit halber soll der diskrete Binärkanal aus Bild A.6 betrachtet werden; $x_1(t)$ oder $x_2(t)$ sind gesendete Signale und $y_1(t)$ oder $y_2(t)$ die empfangenen.

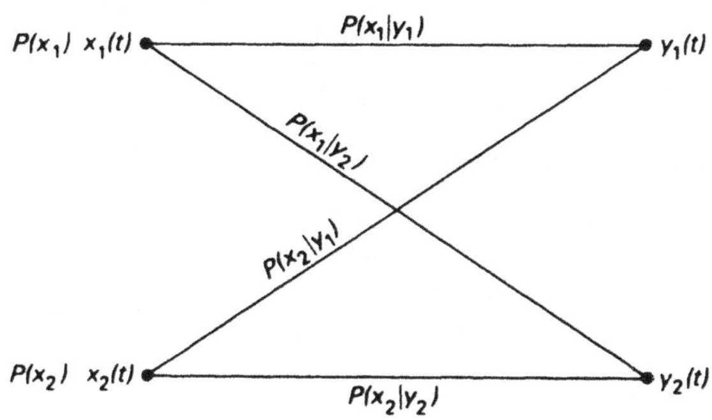

Bild A.6 Übergangswahrscheinlichkeiten eines Binärkanals

Die beteiligten Wahrscheinlichkeiten sind die a priori Wahrscheinlichkeiten $P(x_1)$ und $P(x_2)$ sowie die bedingten Wahrscheinlichkeiten $P(x_1|y_1)$, $P(x_1|y_2)$, $P(x_2|y_2)$ und $P(x_2|y_1)$. Im Entscheidungsprozess seien H_1 und H_2 die beiden Hypothesen, daß $x_1(t)$ oder $x_2(t)$ gesendet wurde. Die verschiedenen zu betrachtenden Kosten hängen von der Auswahl der Hypothese ab; sie werden wie folgt bezeichnet

C_{11} wenn H_1 gewählt wurde und H_1 wahr ist
C_{12} wenn H_1 gewählt wurde und H_2 wahr ist
C_{21} wenn H_2 gewählt wurde und H_1 wahr ist
C_{22} wenn H_2 gewählt wurde und H_2 wahr ist

Für jedes empfangene Signal y_k wird eine Entscheidung getroffen zugunsten der Hypothese H_1 oder H_2, welche die mittleren bedingten Kosten $C(H_1|y_k)$ oder $C(H_2|y_k)$ einbezieht; denn die Kosten hängen von H_1 oder H_2 und y_k ab. Beispielsweise gilt, wenn $x_2(t)$ gesendet ist

$$C(H_1|y_k) = C_{11}\, P(x_1|y_k) + C_{12}\, P(x_2|y_k)$$

$$C(H_2|y_k) = C_{21}\, P(x_1|y_k) + C_{22}\, P(x_2|y_k)$$

Für minimale Kosten muß gelten

$$C(H_2|y_k) < C(H_1|y_k) \quad \text{oder} \quad C(H_1|y_k) > C(H_2|y_k)$$

Es ist also

$$C_{11}\, P(x_1|y_k) + C_{12}\, P(x_2|y_k) > C_{21}\, P(x_1|y_k) + C_{22}\, P(x_2|y_k)$$

oder
$$\frac{P(x_2|y_k)}{P(x_1|y_k} > \frac{C_{21} - C_{11}}{C_{12} - C_{22}}$$

Mit Hilfe der Formel von Bayes lassen sich die bedingten Wahrscheinlichkeiten umschreiben

$$P(x_1|y_k) = \frac{P(y_k|x_1)\; P(x_1)}{P(y_k)}$$

$$P(x_2|y_k) = \frac{P(y_k|x_2)\; P(x_2)}{P(y_k)}$$

Der Quotient beider ist

$$\frac{P(y_k|x_2)}{P(y_k|x_1)} = \frac{P(x_1)\; P(x_2|y_k)}{P(x_2)\; P(x_1|y_k)}$$

Setzt man dies in obige Ungleichung ein, wird

$$\frac{P(y_k|x_2)}{P(y_k|x_1)} > \frac{P(x_1)\; (C_{21} - C_{11})}{P(x_2)\; (C_{12} - C_{22})}$$

Die linke Seite der Ungleichung ist das Wahrscheinlichkeitsverhältnis (likelihood ratio) $L(y_k)$ und die rechte Seite wird Schwellwert L_t genannt. Es sollte also die Hypothese H_2 gewählt werden, wenn $x_2(t)$ gesendet wurde, d.h. wenn $L(y_k) > L_t$, und H_1, wenn $L(y_k) < L_t$. Für jedes empfangene Signal y_k, das die Form y(t) hat läßt sich also symbolisch schreiben

$$L(y(t)) \underset{H_1}{\overset{H_2}{\gtrless}} L_t$$

Neumann - Pearson - Kriterium

Dieses Kriterium findet Verwendung, wenn nur a posteriori Wahrscheinlichkeiten bekannt sind. Zur Ableitung wird angenommen, daß x(t) diskret, also 0 oder 1 ist, aber daß y(t) einschließlich additivem Gauß'schen Rauschen n(t) kontinuierlich ist. Es wird der Fall betrachtet, daß $x_2(t)$ gesendet wurde. Die bedingten Wahrscheinlichkeiten für irgend ein Empfangssignal y(t) sind durch die Wahrscheinlichkeitsdichtefunktion wie folgt gegeben

$$P(H_1|x_1) = \int_{-\infty}^{y_t} p_1(y|x_1)\,dy$$

$$P(H_2|x_1) = \int_{y_t}^{+\infty} p_1(y|x_1)\,dy$$

$$P(H_1|x_2) = \int_{-\infty}^{y_t} p_2(y|x_2)\,dy$$

$$P(H_2|x_2) = \int_{y_t}^{+\infty} p_2(y|x_2)\,dy$$

wobei y_t der angenommene Schwellwert, z.B. ein spezieller Spannungswert, siehe Bild A.7, ist.

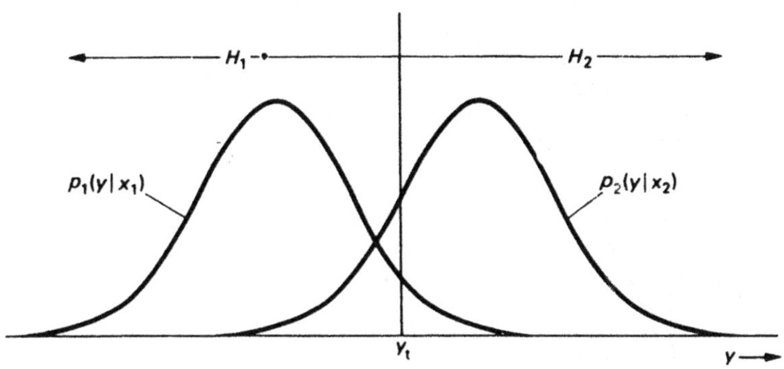

Bild A.7 Bedingte Wahrscheinlichkeitsverteilungsdichten und Schwellwert y_t

Zweckmäßigerweise definiert man hier eine Entdeckungswahrscheinlichkeit P_D und eine Falschalarm-Wahrscheinlichkeit P_F. Es ist

$$P_D = P(H_2|x_2) = \int_{y_t}^{+\infty} p_2(y|x_2)\,dy$$

P_D stellt die Wahrscheinlichkeit dar, $x_2(t)$ zu entdecken (was ja als gesendet angenommen wurde), wenn das Signal am Empfänger anliegt, also H_2 richtig auszuwählen. Entsprechend definiert man P_F durch

$$P_F = P(H_2|x_1) = \int_{y_1}^{+\infty} p_1(y|x_1)\,dy$$

Dies ist die Wahrscheinlichkeit dafür, daß am Empfänger $x_2(t)$ erkannt wird, obwohl es nicht gesendet wurde; H_2 wird also fälschlicherweise ausgewählt.

Um dieses Kriterium anzuwenden, wird üblicherweise zunächst eine maximale, noch tolerierbare Fehlerschranke P_F festgelegt und dann die Entdeckungswahrscheinlichkeit P_D maximiert. Die sich hieraus ergebenen Abhängigkeiten sind in Bild A.8 eingetragen; es stellt die Empfänger-Arbeitskennlinie dar. Der Parameter d ist das Signal-Rauschspannungsverhältnis am Empfängerausgang.

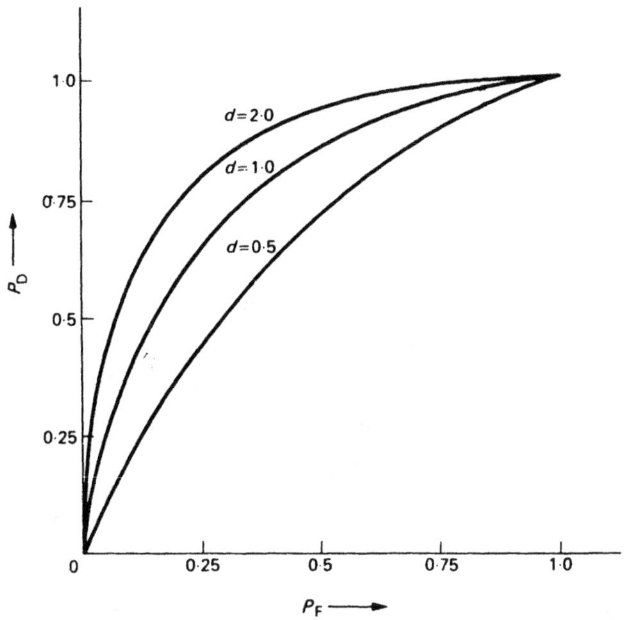

Bild A.8 Entdeckungswahrscheinlichkeit P_D als Funktion der Falschalarmwahrscheinlichkeit bei verschiedenen Signal-Rauschspannungsverhältnissen

Für eine beliebig vorgegebene Fehlerwahrscheinlichkeit P_F wird der zugehörige Schwellwert y_t so festgelegt, daß man für P_D den maximal möglichen Wert erzielt. Ist nun $y(t) > y_t$, wird Hypothese H_2 gewählt, wenn $y(t) < y_t$ ist, nimmt man Hypothese H_1.

Um den Zusammenhang mit dem Bayes-Kriterium zu zeigen, kann die Ableitung von P_D und P_F bezüglich y_t gebildet werden. Man erhält

$$\frac{dP_D/dy_t}{dP_F/dy_t} = \frac{dP_D}{dP_F} = \frac{p_2(y_t|x_2)}{p_1(y_t|x_1)}$$

mittels der weiter vorn angegebenen Ausdrücke für P_D und P_F. In Analogie kann man einen Schwellwert L_t definieren

$$L_t = \frac{p_2(y_t|x_2)}{p_1(y_t|x_1)}$$

oder $$L_t = \frac{dP_D}{dP_F}$$

Der Schwellwert L_t für das Wahrscheinlichkeitsverhältnis ist also durch die Steigerung der Empfänger-Arbeitskennlinie im jeweiligen Punkt gegeben. Damit sind die Schwellwerte für die beiden Kriterien unterschiedlich.

Anhang H: Schätztheorie

In Entscheidungs- und Schätzproblemen werden meist kontinuierliche Zeitfunktionen, seltener diskrete Werte, beobachtet, die Gauß'sches weißes Rauschen als additive Komponente enthalten. Um die Lösung solcher Aufgaben herzuleiten, wird angenommen, daß man die zu untersuchende Kurvenform m mal beobachtet und daß im Grenzfall $m \to \infty$ gilt. Dies entspricht der Abtasttechnik. Sie soll angewendet werden auf ein binäres Kommunikationssystem, in dem die Signal-Kurvenform entweder $s_0(t)$ oder $s_1(t)$ ist. Die Kurvenform ist zeitbegrenzt und nur im Intervall 0 bis T ungleich Null.

Die beobachtete Funktion ist z(t), eine Summe der Signalfunktion und eines Gauß'schen weißen Rauschsignals, also $z(t) = s(t) + n(t)$. Dies kann für die i'te Beobachtung geschrieben werden als $z_i = s_{ki} + n_i$, k = 0 oder 1 und $i = 1, 2, \ldots, m$.

Nimmt man an, daß das Rauschen bandbegrenzt ist und innerhalb der Bandbreite $-W < f < W$ die Rauschleistungsdichte $S(\omega) = N_o/2$ hat, so gilt für die Autokorrelationsfunktion $R(\tau)$

$$R(\tau) = N_o W \frac{\sin x}{x}$$

wobei $x = 2\pi W\tau$ gesetzt wurde. Die Nullstellen von $R(\tau)$ liegen bei $x = j\pi$ mit $j = \pm 1, \pm 2, \ldots$ also bei $\tau = 1/(2W), 1/(4W), \ldots$. Die Abtastwerte sind damit unkorreliert, wenn sie im zeitlichen Abstand $T_s = 1/(2W)$ auftreten, wenn man im Gesamtintervall 0 bis T also $m = 2WT$ Abtastungen vornimmt.

Die Wahrscheinlichkeitsdichtefunktion der Abtastwerte sei die bedingte Wahrscheinlichkeitsdichtefunktion $p(z|s_k)$ und es gilt

$$p(z|s_k) = \prod_{i=1}^{m} p(z_i|s_{ki}) \qquad k = 0 \quad \text{oder } 1$$

Wenn die Varianz des Rauschens mit σ^2 bezeichnet wird, erhält man mit dem Wiener-Khintchine-Theorem die Beziehung

$$\sigma^2 = R(0) = N_o W$$

$$= N_o/(2T_s)$$

Berücksichtigt man, daß die einzelnen Abtastwerte Gaußverteilt sind, gilt

$$p(z|s_k) = \prod_{i=1}^{m} \frac{1}{\sqrt{2\pi}\,\sigma} \exp\left(\frac{-(z_i - s_{ki})^2}{2\sigma^2}\right)$$

$$= \left(\frac{1}{2\pi\,\sigma^2}\right)^{m/2} \exp\left[\sum_{i=1}^{m} - \frac{1}{2\sigma^2} (z_i - s_{ki})^2\right]$$

und wird noch obiger Ausdruck für σ eingesetzt, wird

$$p(z|s_k) = \left(\frac{T_s}{\pi N_o}\right)^{m/2} \exp\left[\sum_{i=1}^{m} - \frac{T_s}{N_o} (z_i - s_{ki})^2\right]$$

Führt man den Grenzübergang $m \to \infty$ und $T_s \to 0$ bei endlichem $mT_s = T$ durch, so ist die Summation durch ein Integral über das Zeitintervall T zu ersetzen, so daß man schließlich erhält

$$p(z|s_k) = A \exp\left[- \frac{1}{N_o} \int_o^T \{ z(t) - s(t)\}^2 \, dt\right]$$

wobei die Konstante A keine besondere Bedeutung hat.

Cramèr - Rao - Grenze

Für eine Anordnung zum Schätzen eines Signalparameters (estimator) ohne systematische Fehler gilt, daß der Erwartungswert $\hat{\theta}$ eines Parameters gleich seinem tatsächlichen Wert θ ist. Die Schätzprozedur verlangt die Kenntnis der bedingten Wahrscheinlichkeitsdichtefunktion $p(z|\theta)$. Für den fehlerfreien Schätzprozess gilt

$$E(\hat{\theta}|\theta) = \theta$$

und $E(\hat{\theta} - \theta) = 0$

Dafür läßt sich auch schreiben

$$\int_{-\infty}^{+\infty} (\hat{\theta} - \theta)\ p(z|\theta)\ dz = 0$$

Differenziert man diesen Ausdruck nach θ und formt um, wird

$$\int_{-\infty}^{+\infty} \left[(\hat{\theta} - \theta)\ \frac{\partial p(z|\theta)}{\partial\theta}\ dz - p(z|\theta)\ dz\right] = 0$$

$$\int_{-\infty}^{+\infty} (\hat{\theta} - \theta)\ \frac{\partial p(z|\theta)}{\partial\theta}\ dz = \int_{-\infty}^{+\infty} p(z|\theta)\ dz$$

Mit den beiden Beziehungen

$$\int_{-\infty}^{+\infty} p(z|\theta)\ dz = 1$$

$$\frac{\partial p(z|\theta)}{\partial\theta} = p(z|\theta)\ \frac{\partial \ln\ p(z|\theta)}{\partial\theta}$$

läßt sich weiter umformen. Man erhält

$$\int_{-\infty}^{+\infty} (\hat{\theta} - \theta)\ p(z|\theta)\ \frac{\partial \ln\ p(z|\theta)}{\partial\theta}\ dz = 1$$

oder $$\left\{\int_{-\infty}^{+\infty} (\hat{\theta} - \theta)\ p(z|\theta)\ \frac{\partial \ln\ p(z|\theta)}{\partial\theta}\ dz\right\}^2 = 1$$

Die Schwartz'sche Ungleichung lautet

$$\int_{-\infty}^{+\infty} f_1^2(x)\ dx \int_{-\infty}^{+\infty} f_2^2(x)\ dx \geq \left(\int_{-\infty}^{+\infty} f_1(x)\ f_2(x)\ dx\right)^2$$

Die Substitution von

$$f_1(x) = (\hat{\theta} - \theta)\ \sqrt{p(z|\theta)}$$

$$f_2(x) = \frac{\partial \ln\ p(z|\theta)}{\partial\theta}\ \sqrt{p(z|\theta)}$$

führt auf

$$\int_{-\infty}^{+\infty} (\hat{\theta} - \theta)^2\ p(z|\theta)\ dz \int_{-\infty}^{+\infty} \left\{\frac{\partial \ln\ p(z|\theta)}{\partial\theta}\right\}^2\ p(z|\theta)\ dz \geq 1$$

Im letzten Ausdruck ist das erste Integral die Varianz $\sigma_{\hat{\theta}}^2 = E\left[(\hat{\theta} - \theta)^2\right]$ und das zweite der Erwartungswert von $\left(\partial \ln p(z|\theta)/\partial\theta\right)^2$.

Damit ergibt sich die als Cramér-Rao-Grenze bezeichnete Formel

$$\sigma_{\hat{\theta}}^2 \geq \frac{1}{E\left[\left\{\frac{\partial \ln p(z|\theta)}{\partial\theta}\right\}^2\right]}$$

Anmerkung

Eine fehlerfreie Schätzanordnung, die diese untere Grenze erreicht, wird als Schätzer ohne systematischen Fehler mit minimaler Varianz oder auch als effizienter Schätzer bezeichnet.

Anhang I: Thermisches Rauschen

Nyquist's Ableitung für die Rauschleistung, die ein Widerstand abgibt, basiert auf der Betrachtung einer verlustlosen Leitung, die an beiden Enden mit den Wellenwiderständen $Z_o = R$ abgeschlossen ist, siehe Bild A.9(a). Im thermischen Gleichgewicht bei der Temperatur T läuft die mittlere Rauschleistung N, von beiden Widerständen ausgehend, längs der Leitung als elektromagnetische Welle und wird am jeweiligen anderen Ende vollständig absorbiert.

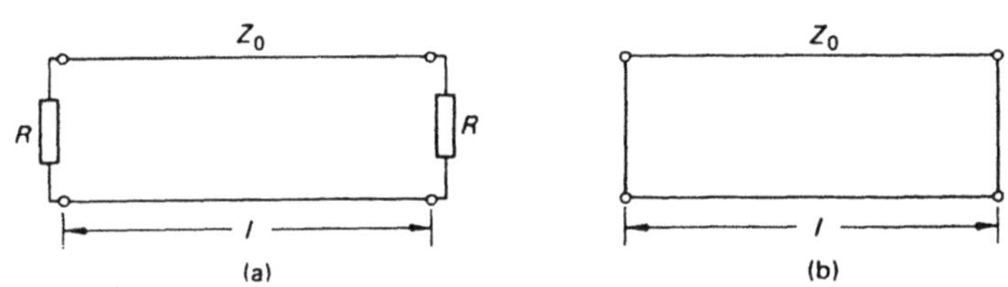

Bild A.9 Zur Herleitung des thermischen Rauschens

Wird die Leitung nun an beiden Enden abrupt kurzgeschlossen, wie Bild A.9(b) zeigt, so wird die Rauschleistung, die von beiden Widerständen ausgegangen ist, an den Enden reflektiert; es entstehen stehende Wellen. Die eingefangene Energie wird in Oszillatormoden gespeichert; denn das System ist nun ein Resonator oder eindimensionaler harmonischer Oszillator. Für diesen Leitungsresonator erfüllt die Wellenlänge λ des m'ten Modes die Beziehung

$$m\lambda/2 = l$$

$$m = 2l/\lambda = 2lf/v$$

Darin ist l die Leitungslänge, f die Resonanzfrequenz und v die Ausbreitungsgeschwindigkeit der Welle.

Betrachtet man die Anzahl Moden Δm, die die Bandbreite $\Delta f = B$ belegen, so folgt aus obiger Beziehung

$$\Delta m = 2(l/v)\Delta f = 2(l/v)B$$

$$2l/v = \Delta m/B$$

Die mittlere Rauschleistung N von jedem der beiden Widerstände läuft in der Zeit $t = l/v$ längs der Leitung, bevor sie reflektiert und als Energie ΔW gespeichert wird. Damit ist

$$\Delta W = 2Nt = 2Nl/v = N\ \Delta m/B$$

Die klassische Theorie sagt aus, daß zum eindimensionalen harmonischen Oszillator im thermischen Gleichgewicht auf der Temperatur oszillierende Moden gehören; die Energie in jedem Mode ist kT (k = Boltzmann'sche Konstante). Für Δm Moden gilt also

$$kT\ \Delta m = N\ \Delta m/B$$

$$N = kTB \quad \text{Watt}$$

Anmerkung

In der Quantentheorie ist der Energieinhalt eines jeden oszillierenden Modes durch das Planck'sche Gesetzt bestimmt; es gilt

$$\Delta W = \frac{hf}{e^{hf/(kT)} - 1}$$

wobei f die Resonanzfrequenz und h die Planck'sche Konstante ist. Es zeigt sich jedoch, daß bei Frequenznen bis zu 10^{13} Hz die Näherung $\Delta W \simeq kT$ gilt, was dem klassischen Wert entspricht.

Anhang J: Schrotrauschen (shot noise)

Der Effektivwert I_s des Schrotrauschstroms in einer Vakuumdiode wird verursacht durch die zufallsbedingte Elektronenemission von der Kathode. Jedes Elektron, das die Anode erreicht, trägt die diskrete Elektronenladung e und verursacht einen Stromimpuls i(t) mit der Transitzeitdauer τ, wie Bild

A.10(a) zeigt. Die genaue Kurvenform i(t) ist nebensächlich, wenn das Zeitintervall T zur Mittelung sehr groß gewählt wird, also $\tau \ll T$ ist. Jeder Impuls kann dann auch als Diracimpuls $\delta(t)$ aufgefaßt und durch einen kurzen Rechteckimpuls angenähert werden, wie Bild A.10(b) zeigt. Es gilt dann

$$\int_{-\infty}^{+\infty} \delta(t)\, dt = e$$

d.h. die Impulsfläche ist gleich der Elementarladung.

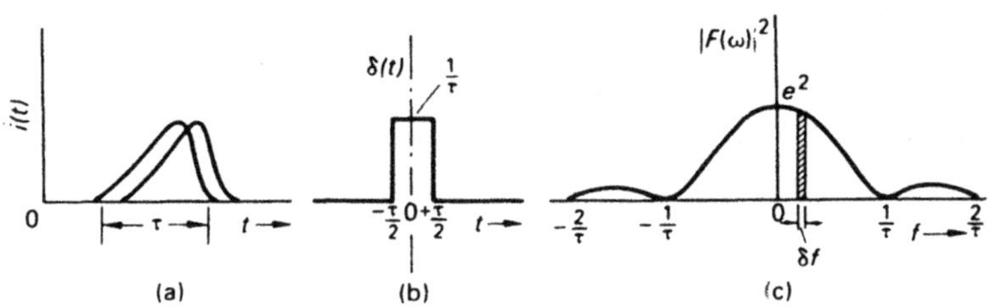

Bild A.10 Zur Herleitung des Schrotrauschens

Bezeichnet man mit F(ω) die Fouriertransformierte von δ(t), so gilt

$$F(\omega) = \int_{-\infty}^{+\infty} \delta(t)\, e^{-j\omega t}\, dt = e\, \frac{\sin \omega\tau/2}{\omega\tau/2}$$

und $$|F(\omega)|^2 = e^2 \left(\frac{\sin \omega\tau/2}{\omega\tau/2}\right)^2$$

Darin ist $|F(\omega)|^2$ die spektrale Energiedichte, sie ist in Bild A.10(c) dargestellt.

Aus dem Bild ist ersichtlich, daß bei sehr kurzer Transitzeit τ (ca. 10^{-9} s), also $1/\tau \simeq 10^9$ Hz die Energiedichte über eine Bandbreite $\Delta f = B$ praktisch konstant ist, insbesondere bei niedrigen Frequenzen. Damit läßt sich die Gesamtenergie W in der Bandbreite B näherungsweise angeben durch

$$W = \int_{-B}^{+B} |F(\omega)|^2\, df = 2 \int_{0}^{+B} |F(\omega)|^2\, df$$

$$= 2\, e^2 B$$

Wenn nun n Elektronen in der Zeit T auf die Anode treffen und T genügend groß ist, wird die mittlere Rauschleistung in einer 1 Ω Last

$$I_s^2 = nW/T = n2e^2B/t$$

Setzt man noch den mittleren Anodenstrom $I_a = ne/T$ ein, so gilt

$$I_s^2 = 2eI_aB$$

oder $$I_s = \sqrt{2eI_aB}$$

Anhang K: Rauschzahlen

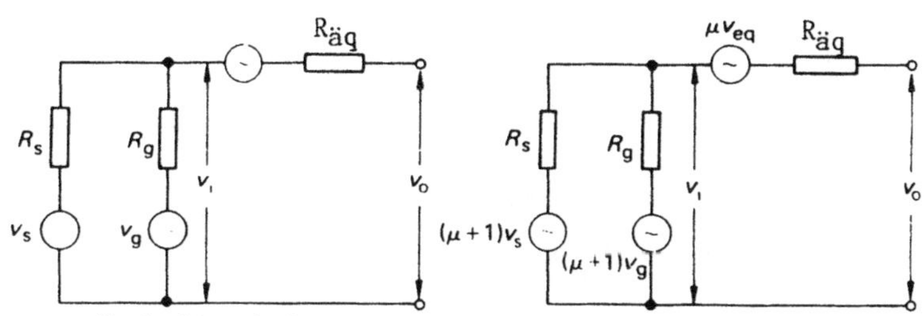

Bild A.11 Ersatzschaltbilder von Röhrengrundschaltungen

Kathodenschaltung

Die Ersatzschaltung zeigt Bild A.11. R_s ist der Quelleninnenwiderstand, R_g der Gittereingangswiderstand und $R_{äq}$ der äquivalente Schrotrauschwiderstand der Röhre. Sind die zugehörigen Effektivwerte der Rauschspannungen v_s, v_g und $v_{äq}$, dann ist die Gesamtrauschspannung des Verstärkers v_o. Für den idealen Verstärker ist es v_i, wobei v_i nur durch den Quelleninnenwiderstand verursacht wird. Mit der Definition der Rauschzahl folgt

$$F = \frac{\text{quadratischer Rauschspannungsmittelwert des Verstärkers}}{\text{quadratischer Rauschspannungsmittelwert des idealen Verstärkers}}$$

$$= \frac{v_0^2}{v_i^2} = \frac{4kTB\,(R_{äq} + R_sR_g/(R_s + R_g))}{(v_sR_g/(R_s + R_g))^2}$$

Da $v_s^2 = 4kTBR_s$, läßt sich schreiben

$$F = \frac{(R_{äq}(R_s + R_g) + R_sR_g)(R_s + R_g)}{R_sR_g^2}$$

$$F = 1 + R_s/R_g + \frac{R_{äq}}{R_s}(1 + R_s/R_g)^2$$

Gitterschaltung

Die Ersatzschaltung zeigt Bild A.11. Der wirksame Verstärkungsfaktor der Gitterschaltung ist $\mu + 1$; deshalb erscheinen die Rauschspannungen v_s und v_g als $(\mu + 1)\ v_s$ und $(\mu + 1)\ v_g$ im Schaltbild. Die Gitterrauschspannung $v_{äq}$ ist jetzt sowohl im Gitter- als auch im Anodenkreis wirksam. Der im Schaltbild einzusetzende Wert ist also $(\mu + 1)\ v_{äq} - v_{äq} = \mu\ v_{äq}$. Damit wird

$$F = \frac{v_0^2}{v_i^2}$$

$$= \frac{\mu^2 4kTBR_{äq} + (\mu + 1)^2 4kTBR_s R_g/(R_s + R_g)}{(\mu + 1)^2 4kTBR_s (R_g/(R_s + R_g))^2}$$

$$= \frac{(\mu/(\mu + 1))^2 R_{äq} + R_s R_g/(R_s + R_g)}{R_s (R_g/(R_s + R_g))^2}$$

$$= 1 + R_s/R_g + \left(\frac{\mu}{\mu + 1}\right)^2 \frac{R_{äq}}{R_s}\ (1 + R_s/R_g)^2$$

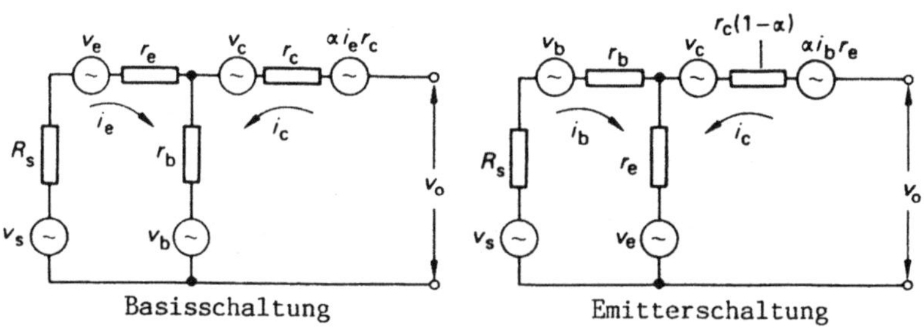

Bild A.12 Ersatzschaltbilder von Transistorgrundschaltungen

Basisschaltung

Die T-Ersatzschaltung eines Transistors zeigt Bild A.12, worin R_s der

Quelleninnenwiderstand, r_e, r_b und r_c der Emitter-, Basis- bzw. Kollektorbahnwiderstand ist. Die Effektivwerte der Rauschspannungen v_s und v_b sind thermisches Rauschen im Quelleninnern- bzw. Basisbahnwiderstand, während v_e und v_c durch Schrotrauschen und Stromverteilungsrauschen in der Emitter- bzw. Kollektorzone verursacht werden. Bei der Temperatur T und der Beobachtungsbandbreite B gilt

$$v_s^2 = 4kTBR_s$$

$$v_b^2 = 4kTBr_b$$

$$v_e^2 = I_s^2 r_e^2 = 2kTBr_e$$

In der letzten Gleichung wurde $I_s^2 = 2eI_eB$ und $r_e = kT/(eI_e)$, I_e = Emittergleichstrom eingesetzt. Der Stromverteilungsanteil ist

$$v_c^2 = 2eI_c\left(1 - \frac{|\alpha|^2}{\alpha_0}\right) Br_c^2 \qquad |\alpha| = \alpha_0/\{1 + (f/f_{\alpha b})^2\}^{1/2}$$

wobei e die Elementarladung, I_c der Kollektorgleichstrom, α_0 die Gleichstromverstärkung, α die Stromverstärkung bei der Frequenz f und r_c der Kollektorbahnwiderstand ist. Über die Definition der Rauschzahl ergibt sich

$$F = \frac{\text{quadratischer Rauschspannungsmittelwert des Transistors}}{\text{quadratischer Rauschspannungsmittelwert des idealen Transistors}}$$

$$= \frac{v_0^2}{v_i^2}$$

Darin wird die Ausgangsrauschspannung v_i nur durch den Quellenwiderstand verursacht. Aus der Ersatzschaltung läßt sich ablesen

$$v_0^2 \simeq (|\alpha| i_e r_c)^2 + v_c^2 \qquad \text{falls} \quad r_b << r_c$$

$$i_e^2 = \frac{v_s^2 + v_e^2 + v_b^2}{(r_e + r_b + R_s)^2}$$

Eingesetzt $v_0^2 \simeq \left(\frac{|\alpha| r_c}{r_e + r_b + R_s}\right)^2 (v_s^2 + v_e^2 + v_b^2) + v_c^2$

Wird nur der Quellenwiderstand als Rauschquelle berücksichtigt, erhält man

$$v_i^2 \simeq (|\alpha| r_c)^2 \left(\frac{v_s}{r_e + r_b + R_s}\right)^2 \quad \text{wenn} \quad r_b \ll r_c$$

$$v_i^2 \simeq \left(\frac{|\alpha| r_c}{r_e + r_b + R_s}\right)^2 v_s^2$$

Der Quotient liefert

$$F = 1 + \frac{v_e^2}{v_s^2} + \frac{v_b^2}{v_s^2} + \frac{v_b^2}{v_s^2} + \left(\frac{r_e + r_b + R_s}{|\alpha| r_c}\right)^2 \frac{v_c^2}{v_s^2}$$

Nun gilt

$$\frac{v_e^2}{v_s^2} = \frac{2kTBr_e}{4kTBR_s} = \frac{r_e}{2R_s}$$

$$\frac{v_b^2}{v_s^2} = \frac{4kTBr_b}{4kTBR_s} = \frac{r_b}{R_s}$$

$$\frac{v_c^2}{|\alpha|^2 r_c^2 v_s^2} = \frac{2eI_c(1 - \alpha_0/\{1 + (f/f_{\alpha b})^2\}) B r_c^2}{\alpha_0^2/\{1 + (f/f_{\alpha b})^2\} r_c^2 4kTBR_s}$$

$$= \frac{1 + (f/f_{\alpha b})^2 - \alpha_0}{2\alpha_0 (kT/eI_e) R_s} \quad \text{wegen} \quad I_c = \alpha_0 I_e$$

$$= \frac{(1 - \alpha_0)\left(1 + \left(\frac{f/f_{\alpha b}}{\sqrt{1 - \alpha_0}}\right)^2\right)}{2\alpha_0 r_e R_s} \quad \text{wegen} \quad r_e = kT/eI_e$$

Setzt man die verschiedenen Ausdrücke in die Gleichung für F ein, ergibt sich schließlich

$$F = 1 + \frac{r_e}{2R_s} + \frac{r_b}{R_s} + \frac{(1 - \alpha_0)(R_s + r_e + r_b)^2\left(1 + \left(\frac{f/f_{\alpha b}}{\sqrt{1 - \alpha_0}}\right)^2\right)}{2\alpha_0 r_e R_s}$$

Die Frequenzabhängigkeit ist in Bild A.13 skizziert.

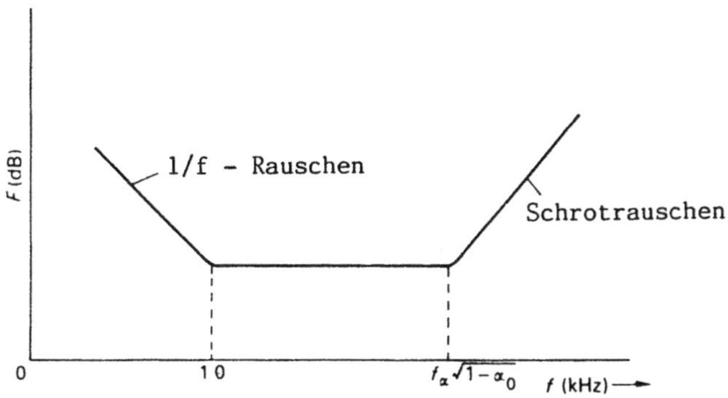

Bild A.13 Frequenzabhängigkeit der Rauschzahl

Emitterschaltung

Das T-Ersatzbild zeigt Bild A.12. Durch praktisch die gleiche Rechnung kann gezeigt werden, daß die Rauschzahl gleich der der Basisschaltung ist, falls $r_e \ll (1 - \alpha)\, r_c$.

FET - Rauschen

Die Ersatzschaltung eines allgemeinen Zweitors mit unkorrelierten Rauschquellen zeigt Bild A.14. Hier wird die Quelle durch ihr Stromquellenersatzbild mit i_s und g_s repräsentiert, das Zweitor enthält die Rauschstromquelle i_i mit dem Parallelleitwert g_i und die Rauschspannungsquelle mit v_n.

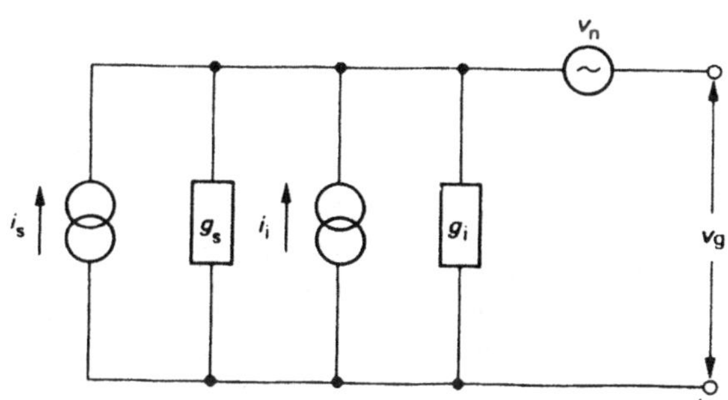

Bild A.14 Vierpolrauschersatzschaltung

Die Rauschzahl wird bestimmt, indem man das Verhältnis aus dem quadratischen Mittelwert der Gesamtrauschspannung $\overline{v_g^2}$ auf Grund aller Rauschquellen und dem quadratischen Mittelwert der Rauschspannung $\overline{v_s^2}$, nur durch die

Quelle verursacht, bildet. Es wird also berechnet

$$F = \overline{v_g^2}/v_s^2$$

mit $$v_n^2 = 4kTR_nB$$

$$\overline{i_i^2} = 4kTg_iB$$

$$i_s^2 = 4kTg_sB$$

$$v_s^2 = i_s^2/(g_s + g_i)^2$$

Darin ist R_n ein äquivalenter Rauschwiderstand, g_i ein äquivalenter Rauschleitwert jeweils auf der Temperatur T; B ist die Beobachtungsbandbreite. Es ergibt sich schließlich

$$\overline{v_g^2} = \frac{4kTg_sB}{(g_s + g_i)^2} + \frac{4kTg_iB}{(g_s + g_i)^2} + 4kTR_nB$$

und $$F = 1 + \frac{g_i}{g_s} + \frac{R_n(g_i + g_s)^2}{g_s}$$

Im Falle des FET's besteht zum Teil Korrelation zwischen Kanalrauschen und Gaterauschen. Die Ersatzschaltung der Gateschaltung mit neutralisierter Gate-Drain-Kapazität ist in Bild A.15 dargestellt. Man muß daher $g_i = g_g + g_c$ einsetzen; denn g_g steht für das unkorrelierte Gaterauschen und g_c berücksichtigt die Teilkorrelation.

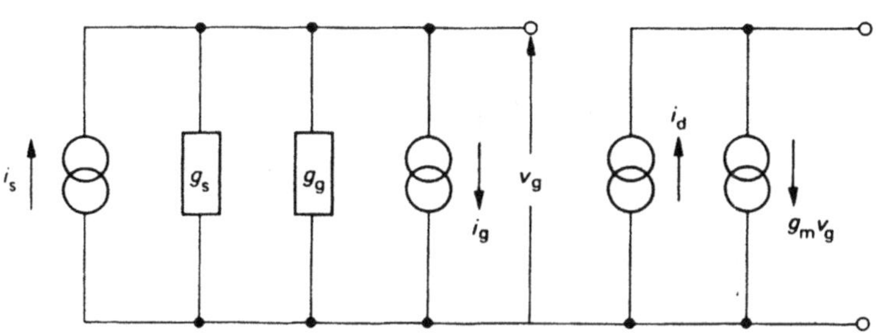

Bild A.15 Ersatzschaltbild der Source-Schaltung (neutralisiert)

Für den JFET ist beispielsweise $R_n \simeq 0{,}65/g_m$ mit der Steilheit g_m, $g_i \simeq g_g$, da g_c sehr klein verglichen mit g_g ist, d.h. $g_c \simeq 0$. Setzt man dies in den Ausdruck für F ein, differenziert nach g_s und setzt die Ableitung Null, so erhält man den Wert von g_s für minimale Rauschzahl (Rauschanpassung) und die minimale Rauschzahl F_{min} selbst zu

$$g_s = (g_i/R_n + g_i^2)^{1/2} \simeq (g_g/R_n + g_g^2)^{1/2} \qquad \text{für} \qquad F = F_{min}$$

$$F_{min} \simeq 1 + 2R_n g_g + 2\sqrt{R_n g_g + R_n^2 g_g^2}$$

Ein typischer Zahlenwert für $R_n g_g$ ist 1, die Rauschzahl wird dann

$$F_{min} \simeq 1 + 2 + 2\sqrt{2} \simeq 6 \qquad \text{oder} \qquad 4\text{dB}$$

Ähnliche Überlegungen lassen sich auf den MOSFET anwenden; hier sind R_n und g_g jedoch frequenzabhängig. Außerdem entsteht in der Gateregion kein Schrotrauschen, d.h. $i_i = 0$. Die Rauschzahl ergibt sich zu

$$F = 1 + R_n g_{in}$$

$$F_{min} \simeq 1 + 0{,}52\omega C/g_m$$

wobei g_{in} der Eingangswirkleitwert, C die Gate-Kanal-Kapazität und g_m die Steilheit darstellt.

Anhang L: Fehlerwahrscheinlichkeit

Es seien die beiden möglichen zu empfangenen Kurvenformen $s_0(t)$, wenn Null gesendet wird und $s_1(t)$, wenn Eins gesendet wird. Dann gilt

$$2E = \int_0^T \left(s_0^2(t) + s_1^2(t)\right)\,dt$$

E ist die mittlere empfangene Signalenergie pro Symbol der Dauer T.

Definiert man nun einen normalisierten Kreuzkorrelationskoeffizienten ρ bezüglich der beiden Signalformen mittels

$$\rho = \frac{1}{E}\int_0^T s_0(t)\, s_1(t)\,dt$$

und führt je eine Kreuzkorrelation zwischen empfangenen Signal plus Rauschen, also $y(t) = s(t) + n(t)$, und beiden erwarteten Signalkurvenformen durch, so kann man beides kohärent detektieren und die Differenz untersuchen. Die Entscheidung, welche Kurvenform gesendet wurde, wird dann anhand des Vorzeichens der Variablen ψ gefällt, wobei ψ durch folgende Beziehung gegeben ist:

$$\psi = \int_0^T y(t)\,(s_0(t) - s_1(t))\,dt$$

Da das Empfangssignal eine Linearkombination des gesendeten Signals und additiven Gauß'schen Rauschen der einseitigen Rauschleistungsdichte N_0 ist, ist ψ ebenfalls Gauß-verteilt.

War $s_0(t)$ gesendet, ist der Mittelwert von ψ

$$\bar{\psi} = \int_0^T s_0(t)\,(s_0(t) - s_1(t))\,dt$$

$$= E(1 - \rho)$$

und die Varianz von ψ

$$\sigma^2 = E(\{\int_0^T n(t)\,(s_0(t) - s_1(t))\,dt\}^2)$$

$$= \frac{N_0}{2}\int_0^T (s_0(t) - s_1(t))^2\,dt$$

$$= EN_0(1 - \rho)$$

Die Wahrscheinlichkeitsdichtefunktion dieser Gauß-Verteilung ist gegeben durch

$$p(\psi) = \frac{1}{\sigma\sqrt{2\pi}} \exp \frac{-(\psi - \bar{\psi})^2}{2\sigma^2}$$

und die Fehlerwahrscheinlichkeit, also die Wahrscheinlichkeit, daß ψ negativ ist obwohl es eigentlich positiv sein sollte, ist

$$P_e = \frac{1}{\sigma\sqrt{2\pi}} \int_{-\infty}^{0} \exp\left(\frac{-(\psi - \bar{\psi})^2}{2\sigma^2}\right) d\psi$$

$$= \frac{1}{2}\left(1 - \operatorname{erf}\left(\frac{\bar{\psi}}{\sigma\sqrt{2}}\right)\right) = \frac{1}{2}\left(1 - \operatorname{erf}\left\{\frac{E(1 - \rho)}{2N_0}\right\}^{1/2}\right)$$

oder $$P_e = \frac{1}{2} \operatorname{erfc}\left\{\frac{E(1 - \rho)}{2N_0}\right\}^{1/2}$$

Literaturverzeichnis

Im Literaturverzeichnis findet man die Literaturhinweise aus dem englischen Original ergänzt um deutschsprachige Quellen.

(1) Steinberg, J.L. and Lequex, J.:
Radio Astronomy. McGraw-Hill (1963)

(2) Krassner, G.N. and Michaels, J.Y.:
Introduction to Space Communication Systems. McGraw-Hill (1964)

(3) Lathi, B.P.:
Introduction to Random Signals and Communication Theory. International Textbook Co. (1968)

Lange, F.H.:
Signale und Systeme, Band 3, 2. Auflage. VEB Technik (1975)

Fischer, F.A.:
Einführung in die statistische Übertragungstheorie. Bibl. Inst. (1969)

Schlitt, H.:
Systemtheorie für regellose Vorgänge. Springer (1960)

(4) Whalen, A.D.:
Detection of Signals in Noise. Academic Press (1971)

Fano, R.M.:
Informationsübertragung. Oldenbourg (1966)

(5) Lindgren, B.W. and McElrath, G.W.:
Introduction to Probability and Statistics. Macmillan (1969)

Bosch, K.:
Elementare Einführung in die Wahrscheinlichkeitsrechnung. Vieweg (1969)

(6) Hoel, P.G.:
Introduction to Mathematical Statistics. John Wiley (1971)

Weber, H.:
Einführung in die Wahrscheinlichkeitsrechnung und Statistik für Ingenieure. Teubner (1983)

(7) Cooper, G.R. and McGillem, C.D.:
Probabilistic Methods of Signal and System Analysis. Holt, Rinehart and Winston (1971)

(8) Connor, F.R.:
Signals. Edward Arnold (1982)

Connor, F.R.:
Signale. Vieweg (1986)

(9) Ziemer, R.E. and Tranter, W.H.:
Principles of Communications, Systems, Modulation and Noise. Houghton Mifflin Co. (1976)

(10) Panter, P.E.:
Communication Systems Design. McGraw-Hill (1972)

(11) Lange, F.H.:
Correlation Techniques. Iliffe (1967)

Lücke, H.D.:
Signalübertragung, 2. Auflage. Springer (1979)

(12) Johnson, D.A.H.:
Cross-correlation techniques and their application to communication channel evaluation, The Radio and Electronic Engineer, 37, 315, May 1969

(13) Wiener, N.:
Generalised harmonic analysis, Acta Mathematica, 55, 117, 1930

(14) Khintchine, A.:
Korrelationstheorie der statistischen Prozesse, Math. Annalen, 109, 604, 1934

(15) Beauchamp, K. and Yuen, C.:
Digital Methods for Signal Analysis. George Allen and Unwin (1974)

Wolf, H.:
Nachrichtenübertragung. Springer (1974)

(16) Srinath, M.D. and Rajasekaran, P.K.:
Introduction to Statistical Signal Processing with Applications. John Wiley (1979)

Philippow, E. (Hrsg.): zu (11 - 16)
Taschenbuch Elektrotechnik, Band 2, Grundlagen der Informationstechnik. Hanser (1977)

Lange, K. und Löcherer, K.-H. (Hrsg.): zu (13 - 16)
Meinke, Gundlach, Taschenbuch der Hochfrequenztechnik, 4. Auflage, Band 1, Grundlagen. Springer (1986)

(17) Johnson, J.B.:
Thermal agitation of electricity in conductors, Physical Review, 32, 97, 1928

(18) Nyquist, H.:
Thermal agitation of electric charge in conductors, Physical Review, 32, 110, 1928

(19) Davenport, W.B. and Root, W.L.:
An Introduction to the Theory of Random Signals and Noise. McGraw-Hill (1958)

Bittel, H. und Storm, L.:
Rauschen. Springer (1971)

(20) Nielsen, E.G.:
Behaviour of noise figure in junction transistors, Proceedings Institute of Radio Engineers, 45, 957, 1957

(21) Motchenbacher, C.D. and Fitchen, F.C.:
Low-Noise Electronic Design. John Wiley (1973)

(22) Liechti, C.A.:
Microwave field-effect transistors, Institute of Electrical and Electronic Engineers Transactions, MTT-24, 279-300, June 1976

(23) van der Ziel, A. and Chenette, E.R.:
Noise in solid state devices, Advances in Electronics and Electron Physics, 46, 313, Academic Press (1978)

Unger, H.-G.:
Hochfrequenztechnik in Funk und Radar. Teubner (1972)

(24) Friis, H.T.:
Noise figures of radio receivers, Proceedings Instituts of Radio Engineers, 45, 957, 1957

Michel, H.-J.:
Zweitoranalyse mit Leistungswellen. Teubner (1981)

(25) Gupta, M.S. (ed.):
Electrical Noise, Fundamentals and Sources. IEEE Press (1977)

Müller, R.:
Rauschen. Springer (1979)

(26) Cuccia, C.L.:
Ultra low-noise parametric amplifiers in communication satellite earth terminals, Advances in Microwaves, 7, 175, 1971

(27) Daglish, H.N. et al.:
Low-Noise Microwave Amplifiers. The University Press, Cambridge (1968)

(28) Kennedy, G.:
Electronic Communication Systems. McGraw-Hill (1977)

(29) Manley, J.M. and Rowe, H.E.:
Proceedings Institute of Radio Engineers, 44, 904, July 1956

(30) Posner, R.D.:
Design and specification considerations of GaAs FET low-noise amplifiers, Microwave Journal, 69, May 1979

Landsdorfer, F. und Graf, H.: zu (24 - 30)
Rauschprobleme in der Nachrichtentechnik. Oldenbourg (1981)

Lange, K. und Löcherer, K.-H.:
Meinke, Gundlach. Taschenbuch der Hochfrequenztechnik, 4. Auflage, Band 2 und 3. Springer (1986)

(31) Kreutel, R.W. and Pacholder, A.O.:
Measurement of gain and noise temperature of a satellite communications ground station, Microwave Journal, 12, October 1969

(32) Longley, S.R.:
Design and application information for broadband solid-state noise sources. Mullard Technical Communications No. 138, April 1978

Schleifer, W.D.:
Hochfrequenz- und Mikrowellenmeßtechnik in der Praxis. Hüthig (1981)

(33) Carlson, A.B.:
Communication Systems. McGraw-Hill (1975)

(34) Taub, H. and Schilling, D.L.:
Principles of Communication Systems. McGraw-Hill (1971)

Zinke, O. und Brunswig, H.: zu (33 - 34)
Lehrbuch der Hochfrequenztechnik, 2. Auflage, 2. Band. Springer (1974)

Fricke, H., Lamberts. K. und Patzelt, E.:
Grundlagen der elektrischen Nachrichtenübertragung. Teubner (1979)

Pooch, H., Köhler, K. und Gräber, H.-J.:
Richtfunktechnik, 2. Auflage. Schiele und Schön (1974)

(35) Stremler, F.G.:
Introduction to Communication Systems. Addison-Wesley (1977)

(36) Peebles, P.Z.:
Communication System Principles. Addison-Wesley (1976)

(37) Oliver, B.M. and Pierce, J.R.:
The philosophy of PCM, Proceedings Institute of Radio Engineers, 36, 1324, November 1948

(38) Shannon, C.E.:
Communication in the presence of noise, Proceedings Institute of Radio Engineers, 37, 10, 1949

(39) Lawton, J.G.:
Comparison of binary data transmission systems, Proceedings National Convention on Military Electronics, 54-61, 1958

(40) Martin, J.:
Communication Satellite Systems. Prentice-Hall (1978)

(41) Turner, L.W. (ed.):
Electronic Engineers' Reference Book. Newnes-Butterworth (1976)

Philippow, E. (Hrsg.): zu (33 - 41)
Taschenbuch Elektrotechnik, Band 4, Systeme der Informationstechnik. Hanser (1979)

Herter, E., Röcker, W. und Lörcher, W.:
Nachrichtentechnik, 2. Auflage. Hanser (1981)

Hölzer, E. und Holzwarth, H.: zu (35 - 41)
Pulstechnik, 2. Auflage, Band 1 und 2. Springer (1982,1984)

Pooch, H. (Hrsg.):
Digitalsignal-Übertragungstechnik. Schiele und Schön (1981)

Gerdsen, P.:
Digitale Übertragungstechnik. Teubner (1983)

Herter, E. und Rupp, H.:
Nachrichtenübertragung über Satelliten

Sachwortverzeichnis

James G. Holbrook

Laplace-Transformation

Lehrbuch für Elektrotechniker und Physiker ab 5. Semester. Aus dem Engl. von F. Cap. 3. Auflage 1984. XII, 319 S. mit 229 Abb. 16,2 x 22,9 cm. Kart.
Die Theorie der Laplace-Transformation ist zum Grundbestandteil des Studiums der Elektronik geworden. Sie beeinflußt beinahe alle Teile der Analyse und Synthese von Schaltungen. Die Laplace-Transformation ist nicht nur wertvoll für die Theorie, sie ist darüber hinaus unmittelbar bei vielen alltäglichen technischen Problemen anwendbar, die bei der Konstruktion von Oszillatoren, Verstärkern, Filtern und anderen elektronischen Netzwerken auftreten.
Inhalt: Funktionen einer komplexen Variablen – Fourier-Reihen und Fourier-Integral – Die Laplace-Transformation – Die inverse Laplace-Transformation – Sätze über die Laplace-Transformierten – Netzwerkanalyse mit Hilfe der Laplace-Transformation – Die Transformierten spezieller Schwingungsformen und Impulse – Elektronische Filter – Spezielle Anwendungen der Laplace-Transformierten – Synthese von Übertragungsfunktionen durch Modelle.

Konrad Hoyer und Gerhard Schnell

Einfache Ausgleichsvorgänge der Elektrotechnik

Berechnung mit Differentialgleichungen, Laplace-Transformation und Programmen in BASIC und Pascal. 1985. VIII, 126 S. 16,2 x 22,9 cm. Kart.
Inhalt: Berechnung von Ausgleichsvorgängen: mit Differentialgleichungen, Laplace-Tranformation und numerisch – Berechnungsbeispiele von Schaltungen mit einem Energiespeicher: mit Differentialgleichungen, Laplace-Tranformation und numerisch – Berechnung von Schaltungen mit zwei Energiespeichern: mit Differentialgleichungen, Laplace-Transformation und numerisch – Numerische Berechnung von Ausgleichsvorgängen mit zwei Energiespeichern – Numerische Berechnung von Schaltungen mit mehr als zwei Energiespeichern.
Das Buch enthält eine systematisch gegliederte Sammlung von Beispielen, von der einfachen RC-Schaltung bis zu Filter- und Regelschaltungen. Die Programme für die numerische Berechnung sind in BASIC und parallel dazu in Pascal geschrieben.

GPSR Compliance

The European Union's (EU) General Product Safety Regulation (GPSR) is a set of rules that requires consumer products to be safe and our obligations to ensure this.

If you have any concerns about our products, you can contact us on ProductSafety@springernature.com

In case Publisher is established outside the EU, the EU authorized representative is:

Springer Nature Customer Service Center GmbH
Europaplatz 3
69115 Heidelberg, Germany

Batch number: 08574753

Printed by Printforce, the Netherlands